Miriam Hesse

Untersuchung der Absicherung von Montageprozessen am Beispiel von Produktionsanläufen in der Automobilindustrie

Berichte aus dem
INSTITUT FÜR MASCHINEN- UND GERÄTEKONSTRUKTION (IMGK)

Herausgegeben von
Univ.-Prof. Dr.-Ing. Ulf Kletzin (Maschinenelemente),
Univ.-Prof. Dr.-Ing. René Theska (Feinwerktechnik) und
Univ.-Prof. Dr.-Ing. Christian Weber (Konstruktionstechnik)
aus dem Institut für Maschinen- und Gerätekonstruktion (IMGK) an der TU Ilmenau.

Band 35

Diese Reihe setzt die „Berichte aus dem Institut für Maschinenelemente und Konstruktion“ fort.

Untersuchung der Absicherung von Montageprozessen am Beispiel von Produktionsanläufen in der Automobilindustrie

Miriam Hesse

Universitätsverlag Ilmenau
2020

Impressum

Bibliografische Information der Deutschen Nationalbibliothek
Die Deutsche Nationalbibliothek verzeichnet diese Publikation in der Deutschen Nationalbibliografie; detaillierte bibliografische Angaben sind im Internet über http://dnb.d-nb.de abrufbar.

Diese Arbeit hat der Fakultät für Maschinenbau der Technischen Universität Ilmenau als Dissertation vorgelegen.

Tag der Einreichung:	26. Juni 2018
1. Gutachter:	Univ.-Prof. Dr.-Ing. Christian Weber (Technische Universität Ilmenau)
2. Gutachter:	Univ. -Prof. Dr.-Ing. Steffen Straßburger (Technische Universität Ilmenau)
3. Gutachter:	Univ.-Prof. Dr.-Ing. Thomas Vietor (Technische Universität Braunschweig)
Tag der Verteidigung:	17. September 2019

Technische Universität Ilmenau/Universitätsbibliothek
Universitätsverlag Ilmenau
Postfach 10 05 65
98684 Ilmenau
http://www.tu-ilmenau.de/universitaetsverlag

ISSN 2191-8082
ISBN 978-3-86360-221-5 (Druckausgabe)
URN urn:nbn:de:gbv:ilm1-2019000681

Geleitwort des Herausgebers

Die Konstruktion von Maschinen und Geräten sowie die zugehörigen Methoden und Werkzeuge sind seit den frühen 1950er Jahren ein profilbildender Schwerpunkt an der Technischen Universität Ilmenau und ihren Vorgängerinstitutionen. Es war daher ein nahe liegender Schritt, dass die drei konstruktiv orientierten Fachgebiete der Fakultät für Maschinenbau – Maschinenelemente, Feinwerktechnik/Precision Engineering, Konstruktionstechnik – im Mai 2008 das Institut für Maschinen- und Gerätekonstruktion (IMGK) neu gegründet haben. Das IMGK steht in der Tradition einer Kette ähnlicher Vorgängerinstitute, deren wechselnde Zusammensetzung hauptsächlich durch sich über der Zeit ändernde Universitätsstrukturen bedingt war.

Zweck des Institutes ist es, die Kompetenzen und Ressourcen der beteiligten Fachgebiete zu bündeln, um Forschung und Lehre zu verbessern und erzielte wissenschaftliche Ergebnisse gemeinsam in die Fachöffentlichkeit zu tragen. Ein wesentliches Instrument hierzu ist die Schriftenreihe des Instituts für Maschinen- und Gerätekonstruktion. Sie führt eine erfolgreiche Schriftenreihe des im Jahr 1991 gegründeten unmittelbaren Vorgängerinstitutes IMK (Institut für Maschinenelemente und Konstruktion) fort.

In der Schriftenreihe erscheinen in erster Linie die am Institut entstandenen Dissertationen, daneben werden aber auch andere Forschungsberichte, die in den thematischen Rahmen passen und von allgemeinem Interesse sind, in die Schriftenreihe aufgenommen.

Der vorliegende Band 35 ist als Dissertation am Fachgebiet für Konstruktionstechnik unter der wissenschaftlichen Betreuung von Professor Christian Weber entstanden. Die Herausgeber wünschen sich reges Interesse an der Schriftenreihe und würden sich freuen, wenn sie zum fruchtbaren Dialog in Wissenschaft und Praxis beitragen würde.

Ilmenau, im Juli 2020

Univ.-Prof. Dr.-Ing. Ulf Kletzin (Maschinenelemente)
Univ.-Prof. Dr.-Ing. René Theska (Feinwerktechnik)
Univ.-Prof. Dr.-Ing. Christian Weber (Konstruktionstechnik)

Kurzfassung

Das Ziel der vorliegenden Arbeit ist die Untersuchung der im Produktentwicklungsprozess eingesetzten Methoden zur Absicherung von Montageprozessen und die Erarbeitung eines Vorgehens zur Identifizierung von Verbesserungspotentialen. Mit Absicherungsmaßnahmen sollen bestimmte Eigenschaften und Funktionen eines Konstruktionsstands anhand eines Modells überprüft und mögliche Abweichungen von den Zielvorgaben erkannt werden, um Erkenntnisse für die weitere Entwicklung zu gewinnen. Die Aussagekraft einer Absicherungsmaßnahme bestimmt sich durch die Menge der Eigenschaften, die durch das Absicherungsmodell dargestellt werden können und deren Darstellungsgüte. Konstruktionsfehler und Zielabweichungen sollen durch die Absicherung möglichst früh im Entwicklungsprozess identifiziert werden. Erst spät entdeckte Abweichungen können daher ein Hinweis auf Verbesserungspotentiale im Absicherungsprozess sein. In dieser Arbeit stehen die Maßnahmen zur Absicherung manueller Montageprozesse im Fokus. Der erste Schritt der Untersuchung ist daher die Identifikation der für die Montage relevanten Produkt- und Prozesseigenschaften. Dabei werden sowohl Eigenschaften berücksichtigt, die auf die Montageprozesse Einfluss nehmen, als auch solche, die durch die Montage beeinflusst werden. Zur Identifikation der relevanten Eigenschaften wird ein Vorgehen vorgeschlagen, das auf der Analyse von Informationen aus der Fachliteratur, den im Unternehmensprozess verwendeten Dokumenten und Informationen aus bereits abgeschlossenen Entwicklungsprojekten beruht. Die so gefundenen Eigenschaftsstrukturen werden genutzt, um über eine Analyse der erst spät im Entwicklungsprozess erkannten Zielabweichungen Verbesserungspotentiale der Absicherung der einzelnen Eigenschaften abzuleiten. Im Anschluss werden für die so gefundenen Potentiale mögliche Maßnahmen aufgezeigt. Für die notwendigen Analyseschritte des Optimierungsvorgehens müssen sehr große Mengen an Informationen verarbeitet werden. Daher wird dafür der Einsatz von Text Mining Werkzeugen untersucht und in das erarbeitete Vorgehen zur Identifikation von Verbesserungspotentialen integriert. Mithilfe der identifizierten Produkt- und Prozesseigenschaften wird zudem eine auf Absicherungsergebnissen basierende Reifekennzahl erarbeitet und ein allgemeines Vorgehen zur Darstellung der Eigenschaftsreife vorgestellt.

Abstract

The main focus of this contribution consists in the analysis of the methods used during product development processes to validate manual assembly processes and the development of a procedure for improvement of these methods. Product and process validation methods are designed to assess properties and functions of a design state with the help of models in order to identify deviations from relevant requirements. Validation results are used for the following product development iterations. The amount of information derived from the validation procedures and its validity is based on the number of properties shown by the validation model and the quality of the representation. Main goal of the validation process is to identify possible design errors and unfulfilled requirements as early as possible. Design errors that are found close to start of production can therefore be used as an indicator for improvement possibilities of the validation process. This thesis focusses on the validation process of the product properties and functions that are relevant for the assembly process. Therefore, the first step of this analysis is the identification of the product and process properties that are influenced by the assembly process or have an impact on it. To do so, a procedure is introduced that is based on the analysis of relevant literature, process documents and information from completed development projects. Deviations and design errors that have been found late in the development process of completed projects can then be categorized by the properties they affect. Concluding, improvements for the validation procedures for often affected properties are proposed. Since large amounts of data are processed during the analysis steps, the use of data mining tools is suggested.

Another important aspect of this thesis is the creation of a maturity level indicator and the development of guide lines for the implementation of maturity indicators in development processes.

Inhaltsverzeichnis

Abbildungsverzeichnis

Tabellen

Abkürzungsverzeichnis

AM	Additive Manufacturing
AR	Augmented Reality
CAD	Computer Aided Design
CE	Concurrent Engineering
DfA	Design for Assembly
DfM	Design for Manufacturing
DfX	Design for X
DMU	Digital Mock Up
ECMS	Engineering-Change-Management-System
EKP	Produktentwicklungs- und Konstruktionsprozesse
EPDM	Ethylen-Propylen-Dien-Kautschuk
KBB	Kabelbaum
KDD	Knowledge Discovery in Data Bases
MA	Mitarbeiter
NLP	Natural Language Processing
OEM	Original Equipment Manufacturer
PDD	Property driven Design
PEP	Produktentstehungsprozess
PKW	Personenkraftwagen
PM	Problem-Management
PSS	Product Service System
QFD	Quality Function Deployment
SE	Simultaneous Engineering
SLS	Selective Laser Sintering
STL	Stereolithographie
VDI	Verein Deutscher Ingenieure

1 Einführung

1.1 Ausgangssituation und Motivation

Die Automobilindustrie sieht sich immer größeren Herausforderungen gegenüber. Gesellschaft und Politik fordern unter anderem neben Nachhaltigkeit in der Produktion[1] auch eine Reduzierung des Kraftstoffverbrauchs bzw. des Schadstoffausstoßes der Produkte.[2] Eine Folge daraus ist eine fortschreitende Verschärfung der Gesetzgebung hinsichtlich der Emissions- und Verbrauchswerte der Kraftfahrzeuge. Dies macht die ständige Weiterentwicklung der etablierten Technologien notwendig und schafft Bedarf an neuen, alternativen Antriebstechnologien (z.B. Hybrid- oder Elektroantriebe).[3] Gleichzeitig ändert sich das Konsumentenverhalten und eine zunehmende Heterogenität in den Anforderungsprofilen der Endkunden ist festzustellen.[4] Um diesen Anforderungen zu genügen, reagieren viele OEMs[5] mit einer Weiterentwicklung und Erweiterung des Produktportfolios.[6] Jedoch führt die Aufnahme neuer Fahrzeugtypen in das Produktspektrum und eine starke Variantenbildung innerhalb der Produktlinien nicht nur zur Gewinnung neuer Kunden, sondern auch zu einer Erhöhung des Gesamtaufwands der Produkterstellung und auch der unterstützenden Prozesse.

Eine Maßnahme, der Erhöhung des Produkterstellungsaufwands entgegen zu wirken und die Rentabilität der Produkte zu verbessern, ist die Senkung der Produktentwicklungs- und Produktionskosten. Ein großer Teil der Entwicklungskosten entsteht durch die Ressourcenbindung während der Iterationsschleifen des Entwicklungsprozesses und durch die Durchführung von Absicherungsmaßnahmen. Unter dem Begriff *Absicherung* sollen hier

[1] Vgl. Knell (1999) S. 211ff, Becker (2007), S. 9f.

[2] Vgl. Wallentowitz et al. (2009), S. 11.

[3] Vgl. Kurzweil (2006), S. 258ff.

[4] Vgl. u.a. Wheelwright/Clark (1992), S. 30.

[5] Als Original Equipment Manufacturer (OEM) wird in der Automobilindustrie ein Unternehmen bezeichnet, das selbstgefertigte oder fremdbezogene Komponenten oder Module zu einem Gesamtfahrzeug kombiniert und potentiellen Kunden auf dem Markt anbietet (Wallentowitz et al. (2009), S. 1).

[6] Vgl. Weber, J. (2009), S. 23; Wheelwright/Clark (1992), S. 30.

alle Maßnahmen zusammengefasst werden, die der Analyse und Bewertung eines Konstruktionsstands dienen. Vor allem der Aufbau von Prototypen zu diesem Zweck kann dabei ein Kostentreiber sein.[7] Prototypen werden in der Regel in sehr geringer Stückzahl aus Sonderwerkzeugen und -prozessen produziert und so entfallen mögliche Skaleneffekte. Ein einzelner Prototyp eines PKW kann damit mehrere Hunderttausend Euro kosten.
Die Vermeidung oder Beschleunigung von Änderungsschleifen (also Entwicklungsiterationen) und die geschickte Auswahl geeigneter Absicherungsmaßnahmen ist also ein interessanter Ansatz zur Senkung der Entwicklungskosten und damit zur Verbesserung der Produktrentabilität.
Ein weiterer wichtiger Aspekt der Wettbewerbsfähigkeit eines Unternehmens ist dessen Reaktionsgeschwindigkeit.[8] Die Fähigkeit, schnell auf geänderte Marktsituationen zu reagieren, ermöglicht es dem OEM, Trends zu nutzen und Produkte rechtzeitig am Markt zu platzieren.[9] Die Dauer von Beginn der Produktentwicklung bis zur Markteinführung des Produkts (time-to-market) ist also eine wichtige Zielgröße bei Fahrzeugentwicklungsprojekten, für deren Minimierung der Prozess der Entwicklung entsprechend gestaltet werden muss. Die Produktentwicklungsphase zu verkürzen gelingt zum einen mit Entwicklungsstrategien wie beispielsweise dem Simultaneous Engineering bzw. Concurrent Engineering, bei dem sich Teilschritte des Entwicklungsprozesses zeitlich überlappen,[10] zum anderen stellen auch hier die Vermeidung und Verkürzung von Iterationsschleifen einen wichtigen Stellhebel dar.[11]
Neben der rechtzeitigen Markteinführung eines Produkts ist auch dessen Verfügbarkeit in entsprechender Stückzahl eine Prämisse für die Produktrentabilität. Nachdem das Produkt aus der Produktentwicklungsphase in das Produktionssystem[12] überführt und zu Beginn in sehr geringer Stückzahl produziert wird, wird in der nun folgenden Anlaufphase die Ausbringungsmenge langsam erhöht. Die Dauer von Produktionsstart bis zur

[7] Vgl. Weber, J. (2009), S. 37.

[8] Vgl. Feldhusen/Grote (2013), S. 6.; Yeh et al. (2010), S. 132; O´Brien/Smith (1995), S. 312.

[9] Vgl. Buchholz (1996), S. 172f.

[10] Vgl. Feldhusen et al. (2013), S. 31f, Buchholz (1996), S. 213.

[11] Vgl. Dumaine (1989), S. 30; Buchholz (1996), S. 220.

[12] Das Produktionssystem umfasst nach Kuhn et al. (2002, S. 21) die Logistik, die Fertigung und die Montage.

Erreichung der geplanten Anzahl produzierter Einheiten pro Zeiteinheit (time-to-volume) spielt für die Rentabilität vor allem dann eine wichtige Rolle, wenn durch nicht genutzte Marktchancen Opportunitätskosten entstehen.[13] In diesem Fall sind die Auswirkungen von Störungen und Verzögerungen in der Anlaufphase besonders gravierend und sollten daher im Vorfeld durch gezielte Absicherungsmaßnahmen vermieden werden.

Neben den beschriebenen Faktoren Dauer (Zeit) und Kosten des automobilen Produktentstehungsprozesses bestimmt die Qualität maßgeblich den Gesamterfolg des Produkts (wobei unter dem Begriff *Qualität* der Erfüllungsgrad der Produktanforderungen verstanden werden kann).[14] Dieses System aus den drei Zieldimensionen Zeit, Kosten und Qualität wird auch als „magisches Dreieck“ bezeichnet und oft als Zielbild verwendet. Die Produktentwicklungsprozesse bestimmen die Erreichung dieser Ziele grundlegend, was ein starkes Interesse seitens Wissenschaft und Industrie an deren Optimierung erzeugt. Die Untersuchung und Verbesserung der Produktentwicklungsprozesse sind für produzierende Unternehmen besonders hinsichtlich der Vorbereitung von Produktionsanläufen interessant, da Studien zeigen, dass nur etwa 40% aller Produktionsanläufe technisch und wirtschaftlich erfolgreich sind.[15] Als Maßnahme, die wirtschaftlichen und technischen Ziele gleichzeitig zu erreichen, wurden daher in vielen Unternehmen Reifegradmanagement-Werkzeuge eingeführt. Der Begriff *Reifegrad* beschreibt dabei den Grad der Zielerreichung und kann sich dabei auf verschiedene Objekte (wie bspw. das Produkt, das Gesamtprojekt oder das Produktionssystem) und Zielsysteme beziehen.[16] Für die Steuerung von Entwicklungsprojekten für die Serienproduktion ist der Produktreifegrad ein wichtiger Parameter, aber auch der Reifegrad der Abstimmung zwischen Produkt und Produktionssystem ist hier interessant. Da sich der Reifegrad für diese beiden Zielgrößen in der Regel nicht direkt bemessen lässt, müssen für dessen Erfassung geeignete Indikatoren ausgewählt werden. Dafür kann unter anderem auf die Ergebnisse der Absicherung zurückgegriffen werden: Die im Produktentwicklungsprozess beinhalteten Absicherungsmaßnahmen zielen auf die Bestätigung von Lösungen bzw. die Identifikation von

[13] Vgl. Haller et al. (2003), S. 183f, Nagel (2011), S. 32.

14 Vgl. Feldhusen et al. (2013), S. 26.

15 Vgl. Fitzek (2006), S. 9, Staube/Fitzek (2005), S. 44.

[16] Vgl. Müller (2008), S. 37f.

Zielabweichungen ab und können damit eine gute Basis für Rückschlüsse auf den Reifegrad bieten.[17]
Es ist also ein Einfluss der Auswahl und Gestaltung der Absicherungsmaßnahmen auf Produktentwicklungskosten und -dauer und damit auch auf den wirtschaftlichen Unternehmenserfolg festzustellen. Zudem spielen Absicherungsmaßnahmen eine wichtige Rolle bei der Erfassung des Reifegrads.

1.2 Ziele der Arbeit

Ziel dieser Arbeit ist es, ein Vorgehen für die Identifikation von Verbesserungspotentialen für die Absicherung eines Produkts zu erarbeiten. Hierbei sollen vor allem die Maßnahmen zur Absicherung der Überführbarkeit eines Produkts in die Prozesse der Serienproduktion betrachtet und die Darstellungsmöglichkeiten der Absicherungsergebnisse im Rahmen des Reifegradmanagements untersucht werden.
Aus dieser Zielsetzung ergeben sich folgende Zwischenziele:

- Zunächst muss ein Modell zur Beschreibung der Absicherung von Eigenschaften eines Produkts bzw. Prozesses definiert werden, das diese im Kontext der Produkt- und Produktionssystementwicklung darstellen kann.
- Auch die klare Definition der abzusichernden Eigenschaften ist wichtig. Daher ist sowohl die Identifikation relevanter Eigenschaften als auch die Darstellung dieser und deren eventuell vorhandener (Wirk-) Zusammenhänge hier von Interesse.
- Weiterhin sind die Untersuchung und Beschreibung der Zusammenhänge von Absicherungsmaßnahmen und den verschiedenen Ausprägungen des Reifegrad-Begriffs notwendig, um den Stellenwert der Absicherungsergebnisse für die Projektsteuerung zu verdeutlichen und mögliche Darstellungsformen dieser Ergebnisse als Reifeindikatoren aufzuzeigen.
- Der nächste Schritt ist die Entwicklung eines Vorgehens zur Bewertung von Absicherungsmethoden, um gezielt Verbesserungspotentiale des Absicherungsprozesses identifizieren zu können. Da dafür die

[17] Vgl. Müller (2008), S. 83f.

Expertise von Mitarbeitern und die Erfahrungen aus bereits abgeschlossenen Entwicklungsprojekten sehr wertvoll sind, sollen diese hier als Grundlage dienen. Um diese Informationen und Erfahrungen zu erschließen, ist der Einsatz von Methoden aus dem Bereich des Wissens- und Informationsmanagements sinnvoll.

Diese Ziele sollen auf Basis von Literaturrecherchen zunächst über theoretisch hergeleitete Lösungsansätze erreicht werden, welche abschließend im Rahmen einer Fallstudie bei einem Automobilhersteller angewendet werden.

1.3 Vorgehen und Aufbau

Für die Erreichung der zuvor beschriebenen Ziele sind theoretische Grundlagen und Modelle aus verschiedenen Bereichen notwendig. Die Absicherung ist ein wichtiger Teil des Produktentwicklungsprozesses und auch der Entwicklung des Produktionssystems. Um Erfahrungen und Informationen aus den Entwicklungs- und Absicherungsprozessen für die Untersuchung zu extrahieren, bieten sich die Instrumente des Informations- und Wissensmanagements an. Abbildung 1 zeigt die in dieser Arbeit berührten Themengebiete.

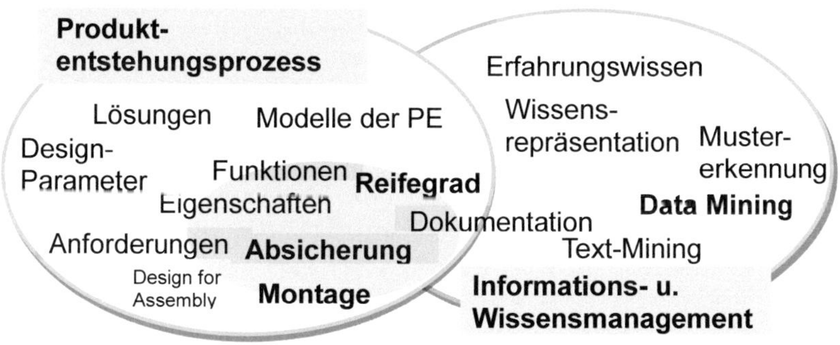

Abbildung 1: Übersicht der für diese Arbeit relevanten Disziplinen und Themenschwerpunkte

Die Arbeit gliedert sich in fünf Kapitel. Anschließend an die Einführung in die Thematik in Kapitel 1 werden in Kapitel 2 die notwendigen theoretischen Grundlagen der Entwicklung von Serienprodukten, des Absicherungsprozesses und speziell der Absicherung der Montage beschrieben. Darauf basierend wird ein Modell für die Darstellung der Absicherung entwickelt. Für die Verbesserung von Absicherungsmaßnahmen sind neben dem Fachwissen der Mitarbeiter im Produktentwicklungsprozess insbesondere die Erfahrungen aus vorangegangenen Entwicklungsprojekten wichtig. Diese lassen sich unter anderem aus der Dokumentation dieser Projekte extrahieren. Daher wird am Ende des zweiten Kapitels außerdem ein Überblick über die Methoden des Data Minings gegeben, um dessen Einsatzmöglichkeiten als Werkzeug für die Informationsextraktion zu diskutieren, das einen Bestandteil des in Kapitel 3 hergeleiteten Vorgehens zur Potentialanalyse von Absicherungsmethoden darstellt. Das folgende Kapitel 4 beschreibt eine Fallstudie der Automobilindustrie, in der das erarbeitete Vorgehen angewendet wurde. In der Fallstudie wird speziell die Absicherung der manuellen Montage betrachtet. Die Arbeit schließt mit einer Zusammenfassung und einer Diskussion der Ergebnisse in Kapitel 5. Der Aufbau der Arbeit ist in Abbildung 1 schematisch dargestellt.

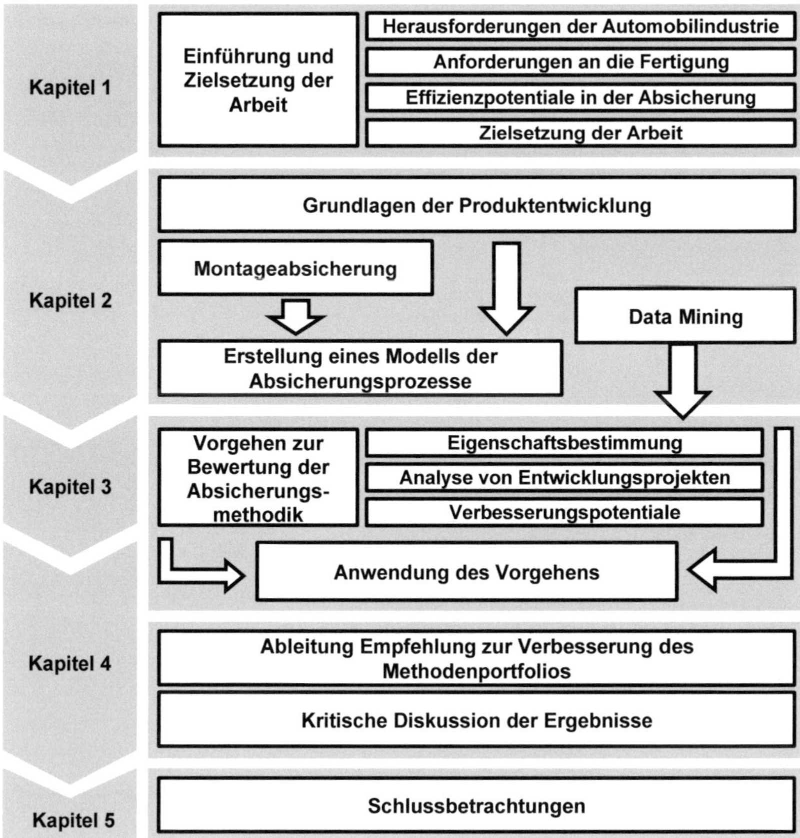

Abbildung 2: Aufbau der Arbeit

2 Grundlegende Modelle und Definitionen

In Kapitel 2 werden die für die nachfolgende Untersuchung maßgeblichen Begriffe und Modelle beschrieben. Dabei wird im ersten Teil des Kapitels der Entstehungsprozess technischer Produkte erläutert und die besonderen Herausforderungen der Entwicklung von Serienfahrzeugen dargestellt. In Abschnitt 2.2 wird die Rolle der Absicherung im Kontext der Produktentwicklung beschrieben und speziell auf die Absicherung der Montage im Automobilherstellungsprozess eingegangen. Die Ergebnisse von Absicherungs- und Bewertungsmaßnahmen können als Grundlage für die Ermittlung des Reifegrads dienen, der eine wichtige Steuerungsgröße für Produktentwicklungsprojekte ist und am Ende des Abschnitts 2.2 beschrieben wird. Der dritte Abschnitt stellt die Grundlagen von Werkzeugen des Informations- und Wissensmanagements vor, die für die nachfolgende Untersuchung eingesetzt werden.

2.1 Entwicklung technischer Produkte

Hauptziel von produzierenden Unternehmen mit interner Produktentwicklung ist die Erstellung und der Vertrieb von marktgerechten Produkten. Ein Produkt ist hierbei das Ergebnis von Unternehmensprozessen,[18] das zur gezielten Befriedigung einer Marktnachfrage erstellt und angeboten wird.[19] In dieser Arbeit werden im Speziellen physische (materielle) Produkte betrachtet, die nach Fertigstellung für den Handel vorgesehen sind und den Gebrauch durch den Endkunden ohne weitere Produktionsschritte erlauben. Unfertige Produkte und Ergebnisse von Teilprozessen werden hier von den Betrachtungen ausgenommen. Diese Elemente werden beispielsweise als Bauteile, Halbfabrikate oder Komponenten bezeichnet.
Die Entwicklung eines Produkts und des entsprechenden Produktionssystems werden auch unter dem Begriff *Produktentstehungsprozess* (PEP) zusammengefasst.[20]

[18] Nach DIN EN ISO 8402 ist ein Produkt das Ergebnis von Tätigkeiten und Prozessen.

[19] Siehe u.a. Ehrlenspiel/Meerkamm (2013).

[20] Vgl. Eigner/Stelzer (2009), S. 1; Unter dem Begriff Produktentstehung ist hier ein Prozess zu verstehen, dessen Ziel die Generierung eines Produkts ist, das alle an dieses gestellten Anforderungen erfüllt.

Genau wie die Produktionsprozesse sind Produktentwicklungsprozesse nicht in allen Unternehmen gleich strukturiert, sondern variieren in Abhängigkeit von der jeweiligen Unternehmensstrategie und Branche[21] und unterscheiden sich auch je nach Art des zu entwickelnden Produkts (Dienstleistung oder physisches Gut, Software oder mechanisches Produkt etc.). In dieser Arbeit soll der Fokus auf dem Produktentwicklungsprozess von Personenfahrzeugen, also *technischen Produkten* liegen.

2.1.1 Technische Produkte

Produkte, also Objekte, die für einen Markt angeboten werden, können sowohl materiell (also mit einer physischen Gestalt) als auch immateriell sein. Dabei führt vor allem die „Stofflosigkeit" immaterieller Produkte (wie beispielsweise Dienstleistungen, Informationen oder Lizenzen) dazu, dass bei deren Entwicklung der Einfluss der Produktionsprozesse auf das Produkt eine untergeordnete Rolle spielt. Dies ist ein wichtiger Unterschied zu der Entwicklung materieller und speziell technischer Produkte. Ein technisches Produkt kann als ein technisches System verstanden werden, das durch Eingangs- und Ausgangsgrößen mit dessen Umwelt in Zusammenhang steht.[22] Diese Definition erfordert eine Erläuterung des Begriffs *System*. Systeme sind Anordnungen von Elementen. Sie werden über die Art und Anzahl dieser Elemente, deren Relationen, die Systemgrenzen und -eigenschaften beschrieben und sind im Allgemeinen in Teilsysteme zerlegbar. Offene Systeme stehen über Ein- und Ausgangsgrößen mit ihrem Umfeld in Beziehung.[23] Anhand ihrer Elemente lassen sich Systeme unterschiedlichen Kategorien zuordnen. Ein technisches System enthält im Gegensatz zu soziotechnischen oder sozialen Systemen ausschließlich Objekte (z.B. Bauteile) und keine direkte Einbindung des Menschen. Sind nur die Eingangs- und Ausgangsgrößen eines Systems bekannt, nicht aber die Unterstrukturen, spricht man auch von einer „Black Box".[24]
Erweiterungen dieser Definition beschreiben technische Systeme als *„[...] künstlich erzeugte geometrisch-stoffliche Gebilde, die einen bestimmten Zweck (Funktion) erfüllen, also Operationen (physikalische, chemische,*

[21] Vgl. Unger/Eppinger (2011).

[22] Vgl. Hubka (1984); Hubka/Eder (1992).

[23] Vgl. Ehrlenspiel/Meerkamm (2013), S. 21.

[24] Vgl. Ehrlenspiel/Meerkamm (2013), S. 2.

biologische Prozesse) bewirken. "[25] Betrachtet man nur dieses Gebilde an sich und nicht den Prozess, den es durchführt, so spricht man von einem **technischen Produkt**.[26]

Andere Produktarten werden an dieser Stelle nicht gesondert beschrieben, jedoch wird in Tabelle 1 ein Überblick der verschiedenen Arten von Produkten und deren Definitionen gegeben.

[25] Siehe Ehrlenspiel/Meerkamm (2013), S. 27f.

[26] Vgl. Ehrlenspiel/Meerkamm (2013), S. 28.

Begriff		*Definition*
Produkt		Ein Produkt ist das Ergebnis von Prozessen oder Tätigkeiten.[27] Aus wirtschaftlicher Sicht kann ein Produkt oder Gut (engl. "good") als ein Objekt definiert werden, das zwischen zwei Wirtschaftseinheiten transferierbar ist.[28]
Materielles Produkt		Physisches Objekt
	Natur/Abbau-Produkt	Produkte, die in der Natur vorkommen (z.B. Erze)[29]
	Technisches Produkt	Produkte, die aus der Veränderung von Ausgangsstoffen entstehen und bestimmte Funktionen erfüllen[30]
Immaterielles Produkt		Nicht-physisches Objekt
	Software	An einen Datenträger gebundenes, zur Ausführung auf einem Gerät gestaltetes Programm
	Dienstleistung	Eine Dienstleistung kann als eine Veränderung eines Objekts verstanden werden, die als das Ergebnis einer Vereinbarung mit einer Person oder einer Wirtschaftseinheit entsteht.[31] Während materielle Produkte vor der Nutzungsphase erstellt werden, entstehen Dienstleistungen durch/während der Interaktion des Kunden mit den Ressourcen des Dienstleistungsunternehmens.[32]
Product Service System (PSS)		Ein PSS ist ein Marktangebot, das die traditionellen Funktionen eines Produkts erweitert durch eine zusätzliche Dienstleistung. Hier liegt der Fokus auf dem Angebot einer „Funktion“ und nicht eines „Produkts“. Der Kunde zahlt dabei eher die Nutzung eines Produkts als dessen Besitz und profitiert so von der Umverteilung des Risikos, der Verantwortung und der Costs of ownership.[33]

Tabelle 1: Darstellung verschiedener Produktarten

In dieser Arbeit steht die Entwicklung und Produktion technischer Produkte im Fokus. Diese durchlaufen von der Produktidee bis hin zur Entsorgung

[27] Vgl. DIN EN ISO 8402.

[28] Vgl. Hill (1977), S. 317.

[29] Vgl. Hill (1999), S. 438.

[30] Vgl. Ehrlenspiel/Meerkamm (2013), S. 28.

verschiedene Lebensphasen, aus denen sich unterschiedliche Anforderungen an die Produkteigenschaften und -funktionen ergeben.

2.1.2 Lebensphasen eines technischen Produkts

Ein technisches Produkt durchläuft während seiner Lebensdauer unterschiedliche Phasen. Für die Produktentwicklung bedeutet dies, dass nicht nur Anforderungen aus der Nutzungsphase des Produkts erfüllt werden müssen, sondern auch aus deren vor- und nachgelagerten Phasen.[34] Da diese Anforderungen unter Umständen konkurrieren, also nicht oder nur teilweise gleichzeitig erfüllt werden können, werden sie im Zielsystem des jeweiligen Entwicklungsprojekts unterschiedlich gewichtet.[35] Die Berücksichtigung der Lebensphasen bei der Anforderungspriorisierung kann also je nach Projektsituation sehr verschieden sein. Beispielsweise ist bei komplexen Produkten, die in einem Anlagen-intensiven Produktionssystem hergestellt werden, die Produktionsphase aus Sicht des Unternehmens sehr wichtig, da eine mangelnde Abstimmung zwischen Produkt und Produktionssystem zu hohen Kosten führen kann und sich damit sehr stark auf die Produktrentabilität auswirkt.[36] Unter anderem für die Serienfertigung in der Automobilindustrie wird daher neben den Produktfunktionen auch das Produktionssystem aufwändig geplant und abgesichert.[37] Die Art des zu entwickelnden Produkts und dessen Lebensphasen beeinflussen demnach das Zielsystem des Entwicklungsprojekts und so auch indirekt die Aktivitäten, die für die Entwicklung notwendig sind in Art, Dauer, Intensität und teilweise auch der Reihenfolge.
In Abbildung 3 sind die Produktlebensphasen in Anlehnung an die Darstellung von PAHL/BEITZ abgebildet.

---

31 Vgl. Hill (1977), S. 318.

32 Vgl. Grönroos (1998), S. 322ff.

33 Vgl. Baines et al. (2007), S. 1543.

34 Vgl. Hermann (2010), S. 96, Ehrlenspiel/Meerkamm (2013), S. 204.

35 Vgl. Feldhusen et al. (2013), S. 323.

36 Da die für das Entwicklungsprojekt festgelegten Anforderungen die Grundlage für die Planung von Absicherungsmaßnahmen bilden, wird dieses Thema in Abschnitt 2.2.8 weiter vertieft.

37 Vgl. Müller (2008).

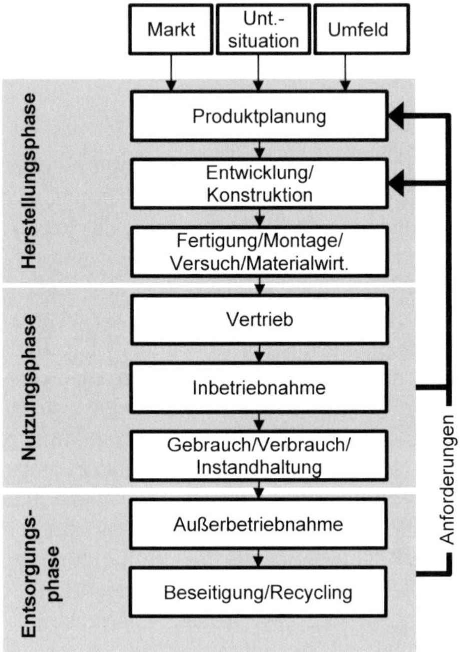

Abbildung 3: Lebensphasen eines technischen Produkts[38]

Ein identifizierter oder prognostizierter Marktbedarf kann für ein Unternehmen den Impuls für die (Weiter-)Entwicklung eines Produkts setzen, aber auch andere Situationen, wie z.B. nachlassender Umsatz oder Änderungen des Umfelds können ein Auslöser sein. Im Rahmen der Produktplanung werden Bewertungen über die derzeitige und die zu erwartende Markt- und Unternehmenssituation durchgeführt und Produktideen evaluiert. Entscheidet sich das Unternehmen für die Entwicklung und Produktion des Produkts, müssen zunächst die Aufgabenstellung und Ziele definiert und die Rahmenbedingungen des Projekts festgelegt werden. Neben organisatorischen und betriebswirtschaftlichen Stellgrößen werden in der Produktplanungsphase auch die ersten Anforderungen an das Produkt selbst festgelegt. Diese werden im Laufe der Produktentwicklung/Konstruktion

[38] In Anlehnung an Feldhusen et al. (2013), S. 304.

noch weiter detailliert und überarbeitet.[39] Ein Hauptziel des Unternehmens ist dabei die Erstellung eines Produkts, das den Anforderungen des Marktes genügt. Doch nur ein Teil der Produktanforderungen lässt sich aus dessen eigentlicher Nutzungsphase ableiten, denn auch die Herstellungs- und die Entsorgungsphase (Beseitigung/Recycling) spielen für viele Produktarten eine wichtige Rolle in der Anforderungsgenerierung.[40] Die Anforderungen können dabei aufgrund von Kunden- bzw. Verbraucherwünschen entstehen, aber auch aus anderen Quellen, wie bspw. Gesetzen und Normen abgeleitet werden.

Die Anforderungen an das Produkt legen Ziele für dessen spätere Eigenschaften fest und erzeugen damit einen Teil des Zielsystems für den Produktentwicklungsprozess. Dieser kann dabei unterschiedliche Ausprägungen annehmen. In der Fachliteratur sind verschiedene Modelle zur Beschreibung der Produktentwicklungsaktivitäten zu finden.

2.1.3 Vorgehensmodelle und Darstellungen des Entwicklungs- und Konstruktionsprozesses

Modelle bilden die Realität in einem gewissen Umfang gegenständlich oder theoretisch über die formale Beschreibung einer endlichen Menge von Fakten, Konzepten oder Instruktionen nach festgelegten Regeln ab. Sie stellen dabei in der Regel eine Vereinfachung des abgebildeten Sachverhalts dar.[41]

Eine spezielle Art von Modellen sind die Vorgehensmodelle. Sie beschreiben Aktivitäten, deren Ergebnisse (Produkte bzw. Artefakte) und deren Relationen.[42] In dieser Arbeit sollen vor allem die Produktentwicklungsphase und die Integration neuer Produkte in die Fertigungs-/Montageprozesse betrachtet werden. Diese Phasen sind in Abhängigkeit von der Produktkomplexität oft ebenfalls sehr komplex und bestehen aus vielen Teilschritten.[43] Eine Beschreibung durch entsprechende Modelle ist daher für die Darstellung und Bearbeitung der hier betrachteten Fragestellungen sinnvoll.

Ein wichtiger Begriff im Kontext der Produktentwicklung ist die *Konstruktion.* Sie kann im weiteren Sinn als der Prozess der Erarbeitung von

[39] Vgl. Feldhusen et al. (2013), S. 303.

[40] Vgl. Ehrlenspiel/Meerkamm (2013), S. 394, Berthold (2002), S. 18.

[41] Vgl. Ehrlenspiel/Meerkamm (2013), S. 21.

[42] Vgl. Versteegen (2002), S. 29.

[43] Vgl. Feldhusen/Grothe (2013), S. 14.

Lösungen für technische Probleme und Aufgaben durch Anwendung von natur- und ingenieurwissenschaftlichen Gesetzmäßigkeiten und Erfahrungswerten und unter Berücksichtigung von sowohl technologischen als auch wirtschaftlichen, gesetzlichen, umwelt- und menschbezogenen Bedingungen und Einschränkungen verstanden werden.[44]

Weitere, teilweise abweichende Definitionen des Begriffs sind in der industriellen Praxis zu finden. So wird als *Konstruktion* auch die Darstellung der technischen Lösung, also das Ergebnis des Konstruktionsprozesses oder auch die für die Konstruktion zuständige organisatorische Einheit eines Unternehmens bezeichnet.

Für die Darstellung der Produktentwicklungs- und Konstruktionsprozesse (EKP) wurden im Laufe der Zeit mehrere Vorgehensmodelle erarbeitet, die die verschiedenen Aufgaben und Teilprozesse abbilden. Die Modelle unterscheiden sich dabei in ihrem Darstellungsfokus, der Detaillierungsebene oder der Gliederung der einzelnen Modellelemente. So stellt REULEAUX bereits 1875 erste Ansätze für den Aufbau komplexer technischer Systeme aus elementaren Wirkprinzipien vor und legt mit seinen Arbeiten den Grundstein vieler präskriptiver Konstruktionsmethodiken. In den 1920er Jahren schlägt ERKENS ein schrittweises Vorgehen mit wiederholten Prüfschritten vor, das konfliktäre Anforderungen abwägend berücksichtigt.[45] WÖGERBAUER erarbeitet 1943 einen detaillierten Ablaufplan für die Entwicklungsphasen der Konstruktion von Erzeugnissen.[46] Einige Autoren sehen in diesem Ansatz den Ursprung des systematisch strukturierten EKP.[47] RODENACKER stellt in den 1970er Jahren ein Vorgehensmodell des Konstruierens vor, das auf der Kombination von Grundelementen beruht, die zu einer Funktionserweiterung des Gesamtgebildes führen (siehe Abbildung 4). Dafür werden zunächst Funktionen definiert, die durch die Zuordnung von physikalischen Effekten auf Lösungskonzepte führen. Darauffolgend werden die geometrischen Abmessungen durch die Festlegung von Wirkflächen und Kinematiken erstellt, die für die Generierung der notwendigen physikalischen Effekte notwendig sind.[48]

[44] Vgl. Feldhusen/Grote (2013), S. 11f, Leemhuis (2005), S. 8.

[45] Vgl. Erkens (1920), S. 17ff.

[46] Siehe Wögerbauer (1943).

[47] Vgl. Feldhusen/Grote (2013), S.14.

[48] Vgl. Rodenacker (1970), S. 25.

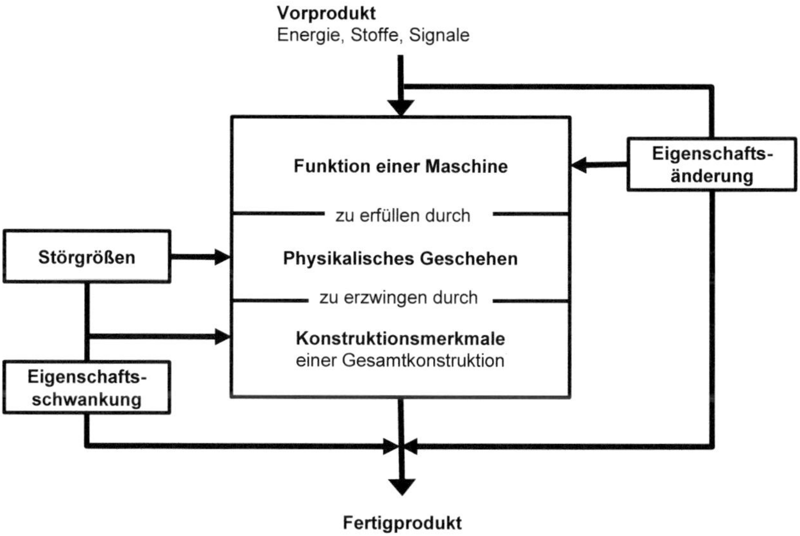

Abbildung 4: Arbeitsschritte einer Konstruktion nach RODENACKER[49]

Prägend für neuere Ansätze sind auch die Arbeiten von KESSELRING und HANSEN. Der Produktenwicklungsprozess wird von HANSEN in den zwei Phasen des „Konzeptierens“ und des in fünf Schritten ablaufenden „Konstruierens“ im Sinne eines bildhaften Vorausdenkens eines technischen Gebildes beschrieben.[50] Der Autor stellt erstmals die Konstruktion im Unternehmenskontext bzw. im übergeordneten Produktentstehungsprozess dar.[51] Er betont die Wichtigkeit der systematischen Analyse der Aufgabenstellung,[52] und integriert die systematische Lösungsentwicklung in seine Modellierung der Konstruktionsprozessschritte[53].

[49] Quelle: Rodenacker (1970), S. 25.

[50] Vgl. Hansen (1965), S. 36.

[51] Vgl. Hansen (1965), S. 33; Bender (2004), S. 20.

[52] Vgl. Hansen (1965), S. 32.

[53] Vgl. Feldhusen/Grote (2013), S. 16.

Ein wichtiger Beitrag zur methodischen Lösungsentwicklung im Kontext der Konstruktionssaufgaben entstand durch ZWICKY in Form des als „morphologischer Kasten“ bezeichneten Ordnungsschemas für die systematische Kombination von bekannten Einzellösungen bzw. -komponenten.[54]
ROTH entwickelte Ende des zwanzigsten Jahrhunderts einen „Ablaufplan für das algorithmische Auswahlverfahren zur Konstruktion mit Konstruktionskatalogen“.[55]
Viele weitere Darstellungen der Entwicklungs- und Konstruktionsprozesse wurden bis heute entwickelt und einige populäre Ansätze zur Darstellung des Produktentwicklungsprozesses sollen im folgenden Abschnitt detaillierter beschrieben werden.

2.1.3.1 Stage-Gate-Prozessmodell

Das von COOPER entwickelte „Stage-Gate“-Prozessmodell ist ein normatives Modell, das als Handlungsempfehlung für Unternehmen für die Entwicklung von Produktinnovationen erarbeitet wurde.[56] Der Innovationsprozess wird dabei durch Projektphasen (engl. „Stages“) beschrieben, die jeweils mit einem Entscheidungspunkt beginnen (engl. „Gates“). An diesen Punkten müssen die Entscheidungsträger anhand definierter Kriterien über den weiteren Verlauf des Projekts (Ressourcenverteilung, Start der nächsten Phase oder Abbruch) entscheiden.[57] Es werden dabei insgesamt fünf Phasen unterschieden[58] (siehe Abbildung 5).

[54] Vgl. Zwicky (1966), S. 88.

[55] Siehe Roth (1994).

[56] Vgl. Verworn/Herstatt (2000), S. 3.

[57] Vgl. Cooper (1994), S. 5 f, Cooper/Kleinschmidt (1991), S. 138, Cooper (2002), S. 22.

[58] Vgl. Cooper (2008), S. 216.

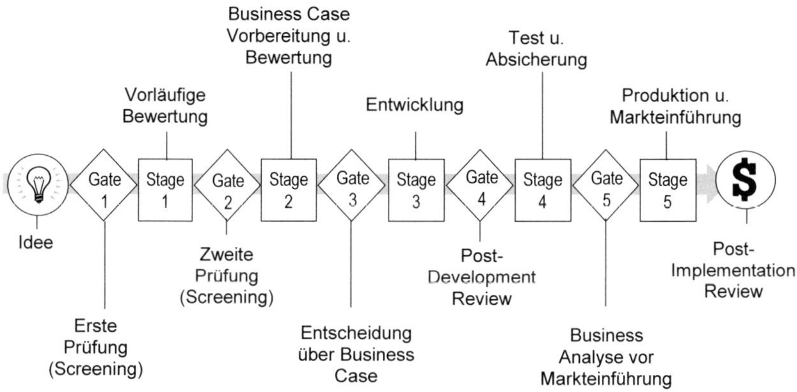

Abbildung 5: Der Stage-Gate-Prozess nach Cooper[59]

Im Unterschied zu anderen Prozessmodellen ist der Stage-Gate-Prozess interdisziplinär und beinhaltet bereichsübergreifende Aktivitäten verschiedener Unternehmensfunktionen zu den verschiedenen Phasen[60]:

- Vorläufige Bewertung

  Für die Produktidee werden in der ersten Phase erste Markteinschätzungen und Machbarkeitsstudien durchgeführt.

- Business-Case-Vorbereitung und -Bewertung

  In der zweiten Phase wird die Planung und auch das Kosten-/Nutzenverhältnis detailliert und die Rahmenbedingungen wie z.B. rechtliche Grundlagen geprüft.

- Entwicklung

  In dieser Phase werden das Produkt, aber auch z.B. Vertriebs- und Produktionsprozesse entwickelt.

[59] In Anlehnung an Cooper (2008), S. 216.

[60] Vergleiche hierzu auch die Darstellung der „Integrierten Produktentwicklung“ u.a. nach Andreasen/Hein (1987).

- Test und Absicherung

  Das entwickelte Produkt und die Prozesse werden in der vierten Phase getestet und validiert.

- Produktion und Markteinführung

  In dieser finalen Phase werden die Produktionsprozesse gestartet und das Produkt in den Markt eingeführt.

Nachdem das Produkt erfolgreich auf den Markt gebracht wurde, soll ein *Post-Implementation Review* durchgeführt werden, um die Stärken und Schwächen des Entwicklungsprojekts zu bewerten, „Lessons learned“ abzuleiten und das Gesamtprojekt-Team zu entlasten.[61]
In der Literatur werden weitere Phasen-Modelle beschrieben, die sich in der Gestaltung der Projektphasen unterscheiden.[62] In dieser Arbeit sind besonders die Produktentwicklungs- und die Testphase relevant. Diese Phasen spielen auch im V-Modell nach VDI 2206 und dem Modell der Produktentwicklung nach VDI 2221 eine wichtige Rolle.

2.1.3.2 Der Entwicklungs- und Konstruktionsprozess nach VDI 2221

Eine wichtige Darstellung und prozedurale Leitlinie für die Produktentwicklung ist die VDI-Richtlinie 2221. In der 1993 veröffentlichten Version der Richtlinie wurden die grundlegenden Arbeitsschritte des Entwickelns und Konstruierens und die dabei entstehenden Dokumente in Ablauf-orientierter Form dargestellt. Der Konstruktions- und Entwicklungsprozess wurde dabei in die vier Phasen Produktplanung (Aufgabenklärung), Konzipierung, Entwurf und Ausarbeitung eingeteilt.[63]
Die Beherrschung der in der Praxis häufig auftretenden fachdisziplin- und unternehmensübergreifenden Prozesse gilt aktuell als große Herausforderung. Daher wurde die Prozessorientierung bei der Überarbeitung der VDI-Richtlinien in 2018 in den Vordergrund gestellt. So werden in dem *allgemeinen Modell der Produktentwicklung* Ziele, Aktivitäten und Arbeitsergebnisse als zentrale Leitlinien für die interdisziplinäre Anwendung

---

[61] Vgl. Cooper/Kleinschmidt (2001), S. 8.

[62] Vgl. Graner (2012), S. 10; Beispielhaft können hier die Modelle von Yeh et al. (2010), Nijssen und Frambach (2000), Schmidt et al. (2009) genannt werden.

[63] Vgl. Feldhusen/Grote (2013), S. 18; Eine Darstellung des Produktentwicklungsprozesses nach VDI 2221 (1993) ist im Anhang dieser Arbeit zu finden.

in der Praxis vorgestellt,[64] aber dennoch der Einfluss von internen und externen Faktoren auf das Entwicklungsprojekt betont und eine kontextspezifische Gestaltung der Produktentwicklungsaktivitäten empfohlen. Zudem wird auch die iterative Natur der Produktentwicklungsprozesse hervorgehoben.[65]

Abbildung 6 zeigt das vorgeschlagene allgemeine Modell der Produktenwicklung. Es zeigt den Zusammenhang von Entwicklungszielen und -aktivitäten und deren zugehörigen Ergebnissen.

[64] VDI 2221 (2018), S. 2f.

[65] VDI 2221 (2018), S. 18.

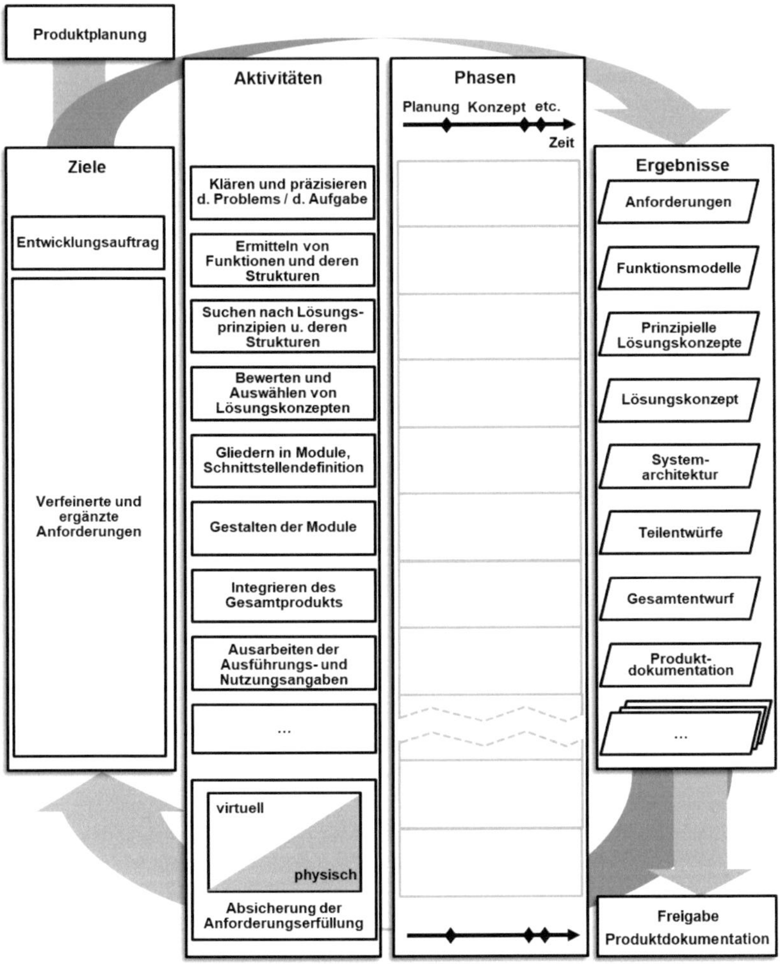

Abbildung 6: Allgemeines Modell der Produktentwicklung nach VDI 2221 (2018).[66]

Ausgangspunkt für die Produktentwicklung ist die Produktplanung, deren Ergebnis ein Entwicklungsauftrag ist. Er beinhaltet die initialen, oftmals noch wenig detaillierten Ziele und Anforderungen, die während der Entwicklung kontinuierlich weiterentwickelt, geändert und detailliert werden. Die

Anforderungen zu präzisieren, zu aktualisieren und zu dokumentieren ist eine wichtige Aktivität in der Produktentwicklung.
Weitere Aktivitäten sind die Ermittlung von Funktionen und Funktionsstrukturen, die Suche nach Lösungsprinzipien und die Bewertung und Auswahl von Lösungskonzepten. Um die Entwicklungsarbeit zu erleichtern, wird die Gesamtaufgabe in Module gegliedert, die sich parallel und getrennt voneinander auf einzelne Aufgabenbereiche fokussieren, aber dennoch koordiniert zusammenarbeiten. Eine klare Definition der Schnittstellen ist hierbei notwendig. Die Aktivität „Gestalten der Module" beinhaltet die erste Detaillierung der Module, also die Vor- oder Grobgestaltung. Die vorentworfenen Module werden zu einem Gesamtprodukt integriert und eventuell fehlende Festlegungen ergänzt. Das Ergebnis dieser Aktivität ist der Gesamtentwurf des Produkts. Das Ausarbeiten der Ausführungs- und Nutzungsangaben hat als Ergebnis die Produktdokumentation.[67]
Im Rahmen der Absicherung soll der Erfüllungsgrad der Ziele bzw. der Anforderungen durch die entwickelten Ergebnisse kontinuierlich überprüft werden. Dabei sollen die Ergebnisse den spezifizierten Anforderungen genügen (Verifikation), aber auch das Gesamtprodukt den Bedarf und Nutzen der Stakeholder (Anspruchsgruppen) wirklich erfüllen (Validierung).[68]

2.1.3.3 V-Modell nach VDI 2206

Einen Domänen-übergreifenden Ansatz, der das Zusammenwirken der drei Disziplinen Maschinenbau, Elektrotechnik und Informationstechnik adressiert, bietet die VDI-Richtlinie 2206 (2004), in der das sog. *V-Modell der Mechatronik* beschrieben wird.[69] Auch in diesem Modell werden Elemente der Absicherung vorgesehen, die als Verifikation und Validierung bezeichnet werden.
Die Richtlinie VDI 2206 beschreibt das grundsätzliche Vorgehen für die Entwicklung mechatronischer Produkte (dargestellt in Abbildung 7) in Anlehnung an das V-Modell (bzw. V-Modell XT) der Software-Entwicklung.[70] Wichtiger Aspekt dieses Modells ist die

[66] Quelle: VDI 2221 (2018), S. 16.

[67] Vgl. VDI 2221 (2018), S. 20f.

[68] Vgl. VDI 2221 (2018), S. 21.

[69] Vgl. VDI 2206 (2004).

[70] Vgl. Lindemann (2009), S. 45.

Eigenschaftsabsicherung, die in anderen Modellen u.a. als Kontrollprozess[71] berücksichtigte Überprüfung der Ergebnisse, ob diese den jeweiligen Anforderungen entsprechen.[72]
Abbildung 7 zeigt die Darstellung der Eigenschaftsabsicherung im V-Modell.

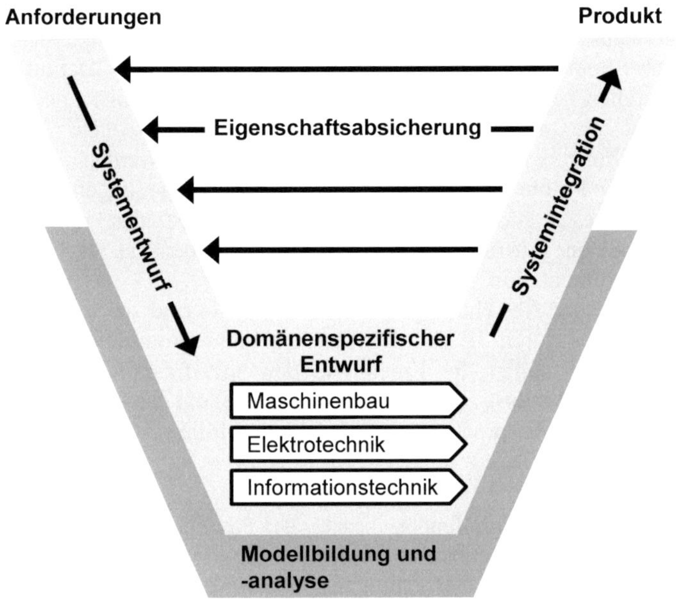

Abbildung 7: V-Modell der Mechatronik nach VDI 2206[73]

Basierend auf den Systemanforderungen wird das zu entwickelnde System in Teilfunktionen untergliedert und die jeweils relevanten technischen Strukturen identifiziert, die das Gesamtsystem bilden. Diese Schritte werden als Systementwurf bezeichnet, welcher in der Regel verschiedene Disziplinen (Maschinenbau, Elektrotechnik, Informationstechnik) berührt. Die Konkretisierung der einzelnen Teilstrukturen erfolgt meist getrennt und spezifisch

[71] Siehe u.a. VDI 2221.

[72] Vgl. Feldhusen/Grote (2013), S. 16.

[73] Quelle: VDI 2206, S. 22.

nach den jeweils betroffenen Disziplinen. In verschiedenen Zwischenschritten werden die Teilfunktionen auf unterschiedlichen Detaillierungsebenen getestet und abgesichert und schließlich bis auf Gesamtsystemebene integriert, wobei die Konsistenz des Gesamtsystems sichergestellt werden muss.
Das V-Modell wird in Iterationsschleifen mit dabei zunehmendem Reifegrad bis zum Abschluss der Entwicklung mehrfach durchlaufen.[74]
Um das Entwicklungsrisiko zu senken, ist es oft empfehlenswert, die Gestaltung kritischer Teilsysteme den davon abhängigen Systemen vorzuziehen und damit von dem durch die VDI 2206 vorgeschlagenen Ablauf abzuweichen.[75]

2.1.3.4 Axiomatic Design

Ein an die Grundsätze der Mathematik angelehntes Modell wurde durch SUH vorgestellt. In diesem Modell, dem „Axiomatic Design“[76] werden die vier Bereiche bzw. Domänen Kundenbereich, Funktionsbereich, physikalischer Bereich und Prozessbereich über den Entwicklungsprozess in einem Wirkzusammenhang dargestellt (siehe Abbildung 8).[77]

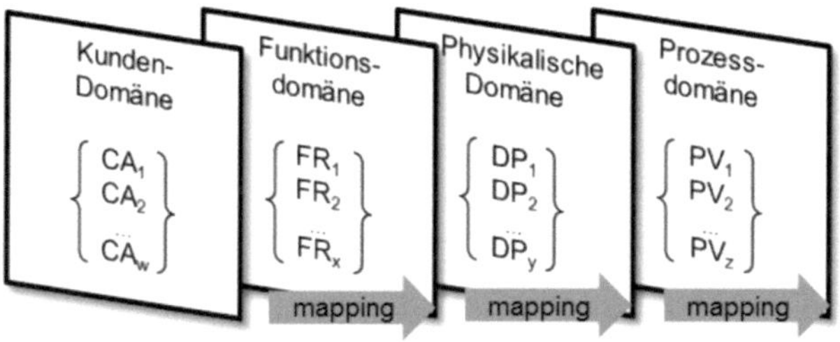

Abbildung 8: Die vier Domänen mit den charakteristischen Vektoren[78]

Die vier Bereiche werden jeweils durch einen Satz von Variablen beschrieben. Die Anforderungen des Kunden an die Produkteigenschaften

[74] Vgl. VDI 2206, S. 19.

[75] Vgl. VDI 2206, S. 19.

[76] Siehe Suh (1990), Suh (1998).

[77] Siehe Suh (1990), Suh (1998).

[78] Vgl. Suh (1998), S. 204.

(CA_w) werden in der Kundendomäne definiert und daraus für die Funktionsdomäne die Produktanforderungen (*Functional Requirements*, FR_x) abgeleitet und die notwendigen Randbedingungen festgelegt (*Constraints*, C). Die FR müssen durch die Definition geeigneter Entwurfsparameter (*Design Parameters*, DP_y) unter Berücksichtigung von C erfüllt werden. Für den Fall, dass alle Abhängigkeiten zwischen FR_x und DP_y linear (oder linearisiert) sind, kann deren Zuordnung über die Entwurfsmatrix [A] festgelegt und über die folgende Formel dargestellt werden:

$\{FR_x\} = [A]\ \{DP_y\}$

Für den Übergang in die letzte Domäne – die Prozessdomäne – müssen für die DP entsprechende Prozessvariablen (*Process Variables*, PV_z) definiert werden.[79]

Der Ableitungsprozess zwischen zwei Domänen (also bspw. die Übersetzung von Kundenwünschen und -anforderungen in Produktanforderungen) wird als *Mapping* bezeichnet.[80] Ein effizientes Mapping ist die Grundlage für einen guten Entwurfsprozess.

Oft verhindert die Komplexität der Produktentwicklungsaufgabe, dass die Entwicklung in einem linearen Prozess erfolgen kann, in dem jeder Bereich jeweils nur einmal betrachtet wird. SUH schlägt daher eine rekursive Vorgehensweise vor, die er als „zigzagging“ bezeichnet.[81]

SUH formuliert zwei Hauptaxiome, die ein Produktentwicklungsprozess erfüllen muss. Ein Axiom ist eine grundlegende und wahre Aussage, für die es keine Ausnahme und kein Gegenbeispiel gibt,[82] und deren Gültigkeit für das betrachtete System beweislos vorausgesetzt wird.[83] Das erste Axiom ist das **Unabhängigkeitsaxiom**, das die unabhängige Erfüllung der einzelnen Funktionsanforderungen FR_x fordert. Jede Funktionsanforderung an ein System soll demnach so durch einen Entwurfsparameter (DP_y) erfüllt werden, dass alle weiteren Funktionsanforderungen dadurch nicht beeinflusst werden. Für den Fall, dass genauso viele Funktionsanforderungen (FR_x) gegeben sind wie Entwurfsparameter (DP_y) relevant sind, ergibt sich eine quadratische Entwurfsmatrix A. In diesem Fall folgt aus dem Unabhängigkeitsaxiom, dass

[79] Vgl. Suh (1998), S. 191.

[80] Vgl. Suh (1998), S. 191.

[81] Vgl. Suh (1998), S. 193.

[82] Vgl. Suh (1998), S. 205.

[83] Vgl. Hilbert/Ackermann (1972), S. 24.

die Entwurfsparameter entweder mit einer Diagonal- oder einer Dreiecksmatrix A mit den Funktionsanforderungen verknüpft sein sollen.
Durch das **Informationsaxiom** wird die Forderung nach einem minimalen Informationsgehalt einer Konstruktion gestellt. So sollte ein Bauteil möglichst einfach und robust gestaltet sein, und eine einfache Konstruktionsalternative ist einer komplizierten vorzuziehen, wenn beide die Produktanforderungen in gleichem Maße erfüllen.[84]
Wichtiger Bestandteil der von SUH vorgestellten Konstruktionsmethodik ist eine Sammlung von aus den beiden Hauptaxiomen hergeleiteten Regeln, die die Lösungssynthese und -bewertung unterstützen. Sie werden in seinen Arbeiten als Theoreme und Kollare bezeichnet.
SUH gibt jedoch keinen Hinweis, wie die Umsetzung der mathematischen Verknüpfung zwischen den Funktionsanforderungen und den Entwurfsparametern in komplexen Systemen durchzuführen ist. In einigen Umsetzungsbeispielen stellt er die Entwurfsmatrizen als Tabellen dar, in denen die Verknüpfungen von Funktionsanforderungen und Entwurfsparametern mit Kreuzen markiert sind.[85]
In dieser reduzierten Form ähnelt das Verfahren dem QFD-Ansatz[86], bei dem mithilfe von speziellen Matrizen über vier Stufen die Kundenanforderungen über technische Anforderungen (Qualitätsmerkmale) in Prozess- und Produktionsanforderungen überführt werden.[87]
Elemente des beschriebenen Ansatzes lassen sich in dem CPM/PDD-Ansatz von WEBER wiederfinden, der im folgenden Abschnitt beschrieben wird.

2.1.3.5 CPM/PDD

Der CPM/PDD-Ansatz (Characteristics-Properties Modelling / Property-Driven Development) basiert auf der Unterscheidung zwischen Produktmerkmalen und -eigenschaften und weist damit Ähnlichkeiten mit den Ansätzen von PAHL/BEITZ 1983, HUBKA/EDER 1996 und SUH 2001 auf.[88] Als Produktmerkmale (*Characteristics*, C_x) werden die Parameter bezeichnet, die während des Konstruktionsprozesses direkt beeinflusst oder

[84] Vgl. Suh (1998), S. 192.

[85] Vgl. Wulf (2002), S. 18.

[86] Quality Function Deployment (QFD); siehe Akao (1992), Akao (2004), King (1989), Sullivan (1986).

[87] Vgl. Wulf (2002), S. 18.

[88] Siehe Abschnitt 2.1.3.

festgelegt werden, wie Teilestruktur, Form, Abmessungen, Material etc. Sie bestimmen die Beschaffenheit und die Struktur des Produkts. Durch die Festlegung der Produktmerkmale bestimmen sich über gegebene Wirkketten (*Relations*, R_y), wie z.B. Naturgesetze, die Produkteigenschaften (*Properties*, P_y). Diese zu erreichen ist zwar das Ziel des Konstruktionsprozesses, sie können durch den Konstrukteur jedoch nur indirekt – über eine geeignete Festlegung der Produktmerkmale C_x – beeinflusst werden. Beispiele für Produkteigenschaften sind Funktion, Fertigungs- oder Montagegerechtheit, Gewicht, Zuverlässigkeit und dynamisches Verhalten des Produkts. Die Betrachtung der Wirkketten R_y, also der Relationen zwischen Produktmerkmalen und -eigenschaften kann in der Regel nur im Kontext äußerer Einflüsse (*External Conditions*, EC_y) durchgeführt werden.[89] Viele Produktmerkmale sind voneinander abhängig (*Dependencies*, D_n), z.B. geometrische Bezüge („Nenndurchmesser einer Welle gleich Nenndurchmesser der Lagerbuchse“) oder Stoffpaarungen zum Erreichen bestimmter Eigenschaften.[90] Formal bedeutet die Existenz solcher Abhängigkeiten, dass sich die Anzahl der frei wählbaren Produktmerkmale jeweils um Eins reduziert.

Nach dem CPM/PDD-Ansatz gibt es zwei Hauptaktivitäten in der Produktentwicklung: die Analyse und die Synthese. Diese sind in Abbildung 9 in Form eines Netzwerkmodells dargestellt.

[89] Weber (2007), S. 90.

[90] Vgl. Weber (2007), S. 87.

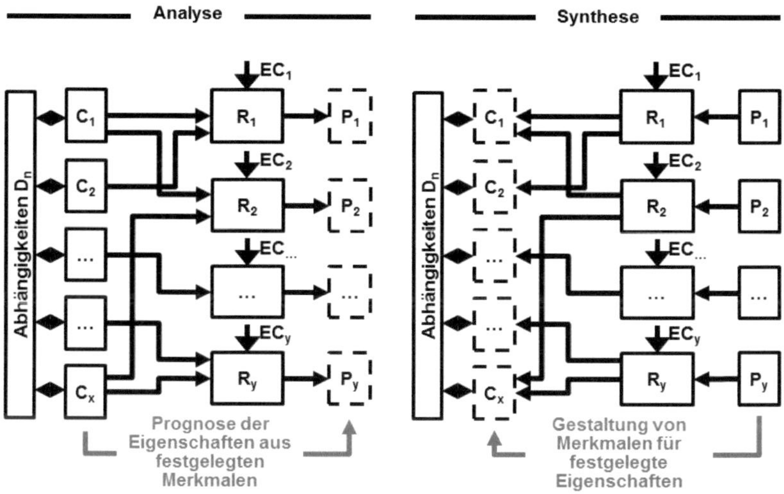

Abbildung 9: Analyse und Synthese[91]

Die *Analyse* ist die Prognose von Produkteigenschaften P_y auf Basis von gegebenen Merkmalen C_x. Die Festlegung der Merkmale mit dem Ziel, die vom Kunden oder anderen Stakeholdern geforderten Produkteigenschaften zu erzeugen, wird als *Synthese* bezeichnet. Sie ist die Hauptaufgabe in der Produktentwicklung.[92]

Der Produktentwicklungsprozess kann als iterativer Prozess dargestellt werden, in dem sich in jeder Iteration vier Schritte wiederholen: Synthese-, Analyse- und Bewertungsschritt sowie die Ableitung von Korrekturmaßnahmen. Abbildung 10 stellt eine Iterationsschleife schematisch dar. Ziel ist die Erfüllung der vorgegebenen Funktionsanforderungen (*Required Properties*, PR_n) bzw. Soll-Eigenschaften durch das Produkt.

[91] Vgl. Weber (2005), S. 165, Weber (2007), S. 89f.

[92] Vgl. Weber (2005), S. 164.

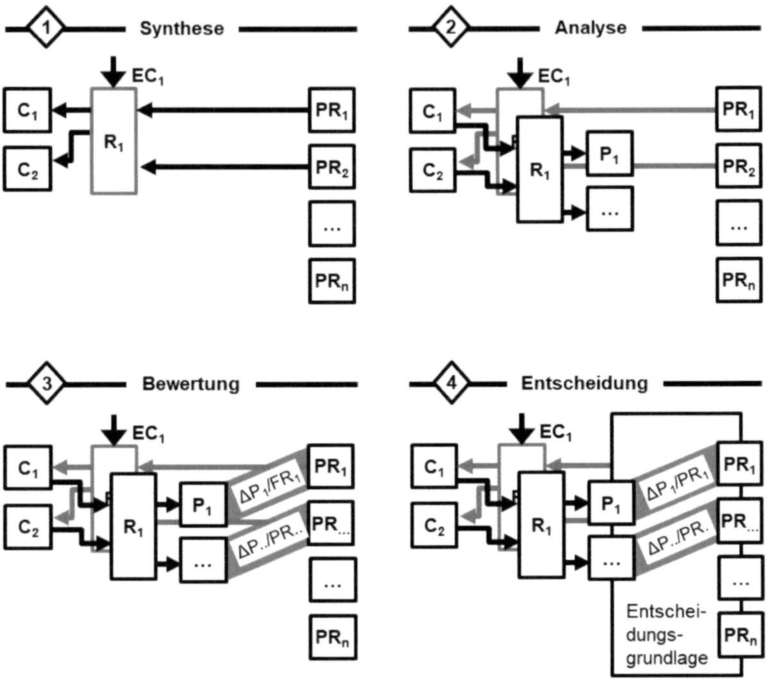

Abbildung 10: Iteratives Vorgehen im PDD[93]

Aus den auf der rechten Seite dargestellten Soll-Eigenschaften werden durch Synthese (Schritt 1) die Merkmale des Produkts abgeleitet. Im nachfolgenden Analyse-Schritt (Schritt 2) werden die Ist-Eigenschaften P_y des Produkts prognostiziert. Dieser Schritt beinhaltet also die Absicherungsaktivitäten, die in dieser Arbeit im Fokus stehen. Die Absicherungsmaßnahmen sind in diesem Fall Ausprägungen der Relationen R_y für die Prognose der Ist-Produkteigenschaften P_y. Gegebenenfalls auftretende Abweichungen zwischen Soll- und Ist-Eigenschaften (PR_n und P_y), die im nachfolgenden Bewertungsschritt (Schritt 3) festgestellt werden, dienen als Entscheidungsgrundlage für das weitere Vorgehen (Schritt 4). Und so werden die vier Schritte wiederholt, bis die Soll-Ist-Abweichung ausreichend gering ist.

[93] In Anlehnung an Weber (2007), S. 94.

Die fünf vorgestellten Vorgehensmodelle zeigen den Produktentwicklungsprozess aus verschiedenen Blickwinkeln und helfen, ein besseres Verständnis für die verschiedenen Aspekte des Entwicklungsprozesses und deren Zusammenhänge zu gewinnen. In der Praxis ist der Produktentwicklungsprozess in andere Unternehmensprozesse eingebettet und wird stark durch die Ziele des Unternehmens und die Prozessorganisation beeinflusst. In den folgenden Abschnitten sollen daher verschiedene Ausrichtungen von Produktentwicklungsstrategien vorgestellt werden.

2.1.4 Strategien der Produktentwicklung

Die Organisation und der Fokus der Produktentwicklungsprozesse sind wichtige Stellhebel für den Entwicklungsablauf und dessen Ergebnis. Viele Forschungsarbeiten beschäftigen sich daher mit der Untersuchung verschiedener Strategien der Produktentwicklung, die jeweils bestimmte Aspekte und Eigenschaften des Entwicklungsprojekts oder dessen Ergebnisse fokussieren.

2.1.4.1 Simultaneous/Concurrent Engineering

Die Organisation der Produktentwicklungsschritte lässt sich im Allgemeinen nach der zeitlichen Abfolge der Prozessschritte in zwei Arten unterteilen. Neben der sequentiellen Abfolge der Produktentwicklungsschritte gibt es auch Strategien, die die Parallelisierung von Teilaufgaben betonen. Diese werden in der Literatur als *Simultaneous* oder auch *Concurrent Engineering* (SE bzw. CE) bezeichnet.[94] In der Arbeit von BULLINGER & WARSCHAT (1996) wird auch der Begriff Concurrent Simultaneous Engineering (CSE) verwendet.[95]

Die traditionelle, sequentielle Entwicklung zeichnet sich durch ein sehr lineares Vorgehen aus, bei dem die Akteure aus den verschiedenen Bereichen (z.B. Entwicklung, Produktion, Vertrieb) jeweils einen Prozessschritt abschließen und das Ergebnis dann weiterreichen.[96] Der Nachteil bei diesem Vorgehen liegt neben der höheren Prozessdauer in der mangelnden

[94] Die beiden Begriffe werden in der Literatur oft äquivalent verwendet (siehe Döllner (1997), S. 243; Withney (1988), S.64) und auch in dieser Arbeit werden sie als austauschbar behandelt.

[95] Siehe Bullinger/Warschat (1996).

[96] Vgl. Bossmann (2007), S. 62f.

Kommunikation zwischen den einzelnen Abteilungen, welche zu einer hohen Anzahl von Iterationsschleifen und einem hohen Änderungsaufwand führen kann.[97]

Beim Simultaneous Engineering hingegen liegt der Fokus auf der Parallelisierung von Teilaufgaben[98], die nur durch interdisziplinäre Zusammenarbeit erreicht werden kann.[99] Durch die daraus resultierende zeitliche und organisatorische Synchronisation können die Entwicklungsaufgaben effizienter und in kürzerer Gesamtzeit durchgeführt werden. Dies bezieht sich sowohl auf die Entwicklung des Produkts als auch die des Produktionssystems.[100]

Nach HABERFELLNER et al. wird SE durch folgende Punkte charakterisiert:[101]

- Parallelisierung von Prozessschritten
- ganzheitlicher, teamorientierter Ansatz[102]
- Interdisziplinarität
- Rechner- und Methodeneinsatz zur Verkürzung der Prozessdauer
- Einbindung von externen Entwicklungspartnern

SMITH & REINERTSEN (1998)[103] beschreiben die starke Einbindung der Produktion in die frühen Entwicklungsphasen als Hauptmerkmal des SE. Auch EVERSHEIM/BOCHTLER/ LAUFENBERG betonen die Wichtigkeit der frühzeitigen Gestaltung der Produktionsprozesse und definieren SE als die integrierte und zeitlich parallele Produkt- und Prozessgestaltung.[104]

---

[97] Vgl. Ehrlenspiel/Meerkamm (2013), S. 213.

[98] Die Parallelisierung der Teilaufgaben bezieht sich in einigen Arbeiten nur auf die Teilschritte der Produkt- und Produktionssystementwicklung (z.B. Pantele/Lacey (1989), S. 58; Eversheim et al. (1993), S. 4; Bullinger/Wasserloos (1990), S. 26). Andere Definitionen schließen Aktivitäten anderer Disziplinen wie z.B. Marketing mit ein (z.B. Williamson (1993), S. 43).

[99] Vgl. Ehrlenspiel/Meerkamm (2013), S. 228.

[100] Vgl. Stuffer (1993), S.30.

[101] Vgl. Haberfellner et al. (1999), S.68f.

[102] Die interdisziplinäre Teamarbeit ist die wesentliche Grundlage für das Konzept des Simultaneous bzw. Concurrent Engineering (Ehrlenspiel/Meerkamm (2013), S. 228f.).

[103] Vgl. Smith/Reinertsen (1998), S. 242.

[104] Vgl. Eversheim/Bochtler/Laufenberg (1995), S. 16.

Abbildung 11 zeigt eine schematische Gegenüberstellung der sequentiellen Entwicklung und des SE.

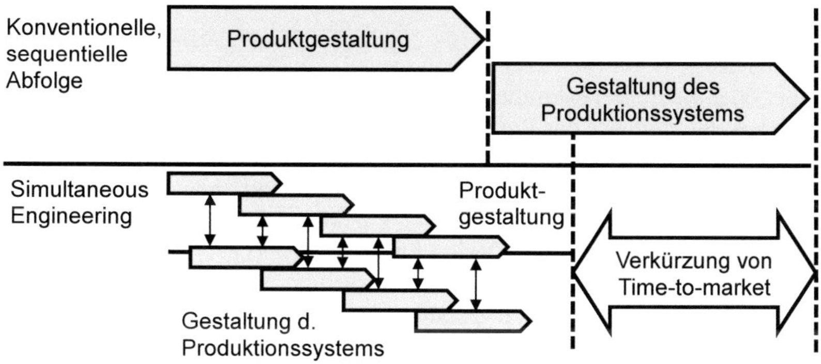

Abbildung 11: Sequentielle Produkt- und Prozessgestaltung und Simultaneous Engineering[105]

Aus der Parallelisierung der Entwicklungsprozesse lässt sich eine Verkürzung der Gesamtentwicklungsdauer erzeugen. Neben dieser nennt PRASAD (1996) die frühzeitige Problementdeckung, die Entscheidungsfindung in den frühen Phasen der Entwicklung, die Strukturierung der Aufgaben und die Fokussierung der den Individual- und Abteilungszielen übergeordneten Unternehmensziele als Vorteile des SE.[106]

Obwohl die Vorteile in der Regel überwiegen, bringt der Einsatz von SE auch Risiken mit sich.[107] So erhöht sich beispielsweise die Komplexität des gesamten Entwicklungsprojekts durch zusätzlichen Abstimmungs- und Informationsbedarf.[108] Die Parallelisierung von Prozessabläufen führt dazu, dass an manchen Stellen mit Informationen gearbeitet werden muss, die

[105] In Anlehnung an Eversheim/Bochtler/Laufenberg (1995), S. 2; Boutellier/Biedermann (2014), S. 448.

[106] Vgl. Prasad (1996), S. 169.

[107] Vgl. Ehrlenspiel/Meerkamm (2013), S. 231.

[108] Vgl. Stanke/Berndes (1997), S. 16.

aufgrund noch laufender Input-Prozesse noch nicht final festgelegt und damit mit Unsicherheit behaftet sind.[109]

2.1.4.2 Design for X

Unter dem Begriff „Design for X“ (DfX)[110] wird ein System von Regeln verstanden, das auf die Konstruktion eines Produkts zur gezielten Erfüllung einer oder mehrerer bestimmter Eigenschaften oder aber auf die Eignung für eine bestimmte Phase des Produktlebenszyklus‘ abzielt. Das „X“ steht dabei für die Eigenschaft oder Phase, die fokussiert wird.[111] Als Beispiele können *Design for Logistics*[112] und *Design for Reliability*[113] genannt werden. Im Kontext dieser Arbeit sind vor allem die beiden Ausprägungen „Design for Manufacturing“ (DfM) und „Design for Assembly“ (DfA) interessant.
Design for Manufacturing ist ein umfassender Konstruktionsansatz, der darauf zielt, ein Produkt so zu gestalten, dass

1) es schnell in die Produktionssysteme integriert werden kann,
2) es Aufwands-minimal in Bezug auf „Processing and Handling Requirements“ produziert werden kann und dass
3) es dadurch Kosten-optimal produziert werden kann, während
4) das Endprodukt das geforderte Qualitätsniveau erreicht.[114]

In der Literatur sind verschiedene Vorschläge für die Erreichung dieser Ziele zu finden. Beispielsweise stellt FABRICIUS (1994) dafür ein mehrteiliges Vorgehen vor, das die Stärkung der Verbindung zwischen Entwicklung und Produktion hervorhebt. In verschiedenen Fallstudien konnten die Produktionskosten durch die gezielte Berücksichtigung der Produktionsanforderungen um 25-30 Prozent gesenkt werden.[115] Das Vorgehen ist ähnlich der klassischen Konstruktionsmethodik, es wird jedoch im ersten Schritt die Bewertung der Herstellbarkeit von Vorgänger- und

---

[109] Vgl. Ehrlenspiel (1998), S. 41.

[110] Vgl. Chiu et al. (2011), S. 134.

[111] Vgl. Weber (2007), S. 85 oder u.a. Tichem (1997), Andreasen/Mortensen (1997), Meerkamm/Wartzack (2000).

[112] Siehe u.a. Dowlatshahi (1996).

[113] Siehe u.a. Crowe (2010).

[114] Vgl. Das et al. (2000). S. 457.

[115] Vgl. Fabricius (1994), S. 29.

Konkurrenzprodukten vorgeschlagen, um Zielgrößen und Potentiale für die Verbesserung der Herstellbarkeit für das neue, zu entwickelnde Produkt zu identifizieren. Die Bewertung soll dabei sieben Eigenschaften (die sieben „universal virtues"[116]) fokussieren: Die erste Eigenschaft ist die **Höhe der Produktionskosten**, die sich aus den direkten Kosten für Arbeit und Material und den indirekten Kosten (Overhead), wie bspw. Raum- und Logistikkosten ergeben. Auch die **Qualität** muss betrachtet werden. So muss das Produkt die gestellten (Qualitäts-) Anforderungen mit möglichst geringem Aufwand hinsichtlich Qualitätskontrolle, Nacharbeit und Ausschusskosten erreichen. Durch dessen Gestaltung sollte das Produkt innerhalb des Produktionsprozesses eine möglichst hohe **Flexibilität** erlauben. Gleichzeitig müssen auch eventuelle **Risiken** in der Produktion (wie bspw. Fehlhandlungsmöglichkeiten oder späte Montagefehlererkennung) reduziert werden. Auch die **Gesamtrealisierungs-/Produktionszeit** sollte möglichst kurz sein. Die **Effizienz** von Personal- und Ressourceneinsatz (z.B. in Hinblick auf notwendige Montagezeiten) ist ebenfalls ein Kriterium für die Bewertung des Produkts.[117] Die siebte Eigenschaft ist der **Einfluss auf die Umwelt**, den das Produkt während der Produktion hat.
Im weiteren Entwicklungsvorgehen folgen die Festlegung der Entwicklungsziele, die Bestimmung der Produkthauptfunktionen und deren Wechselwirkungen, die Festlegung relevanter Bewertungskriterien und Lösungen, die Erstellung alternativer Konzeptentwürfe, die Konzeptbewertung und -auswahl und schließlich die Detaillierung des Konzeptentwurfs.[118]

VAN VLIET & VAN LUTTERVELT (2004) beschreiben eine DfM-Methodik, die die Konstruktionsplanung und kontinuierliche Bewertung fokussiert. Auch in

[116] Vgl. Olesen (1992).

[117] Die Montagezeit pro Fahrzeug (hours per vehicle, HPV) wird unter anderem von Harbour Consulting (2006) untersucht, die in diesem Zusammenhang auch eine in der Automobilindustrie vermehrt eingesetzte Kennzahl zur Darstellung der konstruktiv festgelegten Montagezeit („engineered Hours per Vehicle", EHPV) entwickelten. In Relation zu der tatsächlich anfallenden Montagezeit pro Fahrzeug (HPV) kann die Effizienz von Montageprozessen ausgedrückt werden. Der nicht aufgrund der Produktgestaltung sondern durch nicht direkt wertschöpfende Montageprozesse entstehende Montageaufwand wird als Manufacturing Variable (MV) bezeichnet. Er entsteht bspw. durch Nacharbeitsprozesse oder Wartezeiten.

[118] Vgl. Fabricius (1994), S. 24.

diesem Ansatz werden mehrere Bereiche gleichzeitig betrachtet, um ein Gesamtoptimum zu erlangen und gleichzeitig die funktionalen Anforderungen einzuhalten. Dafür wird ein Informationsmodell des Produkts entwickelt, um die Herstellbarkeit während des Entwicklungsprozesses kontinuierlich abzubilden und laufend zu überprüfen. Dabei werden die DfM-Gestaltungshinweise berücksichtigt und verletzte Regeln in Form eines Punktesystems abgebildet, das so eine Quantifizierung der Herstellbarkeit ermöglicht.[119]

Während bei den DfM-Ansätzen eine gesamthafte Betrachtung der Produktion anstrebt fokussiert *Design for Assembly* (DfA) speziell die Priorisierung und frühzeitige Berücksichtigung der Montageanforderungen während der Produktentwicklung und zielt auf die Reduzierung bzw. Optimierung der späteren Montageprozesse. Als Beispiel dafür kann die einfachste Regel, nämlich die Anzahl von Montageteilen zu reduzieren, genannt werden. Sie kann den Entfall von teuren Verbindungselementen und die Vereinfachung der Montageschritte ermöglichen und so die Herstellkosten erheblich senken. Auf der anderen Seite kann eine Reduzierung der Teileanzahl dazu führen, dass sich die einzelnen Bauteile z.B. in Material und Herstellungsprozess verkomplizieren. Daher eignet sich die Anwendung dieser Regel vor allem in der Großserienfertigung, in der ein erhöhter Fertigungsaufwand der einzelnen Montageteile eher durch Skaleneffekte aufgefangen werden kann. Dies ist beispielsweise in der Automobilherstellung der Fall.
Obwohl in der Automobilbranche im Laufe der Zeit eine Veränderung der Organisationskonzepte eingetreten ist und die Fertigungstiefe deutscher Automobilhersteller auf etwa 25% sank und der Großteil der Einzelteile von Lieferanten hergestellt wird,[120] spielt die Endmontage nach wie vor eine sehr wichtige Rolle für die OEMs und wird in der Regel intern durchgeführt.[121] Ein wichtiges Merkmal der Fahrzeug-Endmontage ist der im Vergleich zu anderen Fertigungsbereichen sehr hohe Personaleinsatz, der bis dato notwendig ist.
Die *Montage* bzw. das *Montieren* von Bauteilen und Baugruppen kann als die Summe aller Vorgänge für den Zusammenbau von geometrisch bestimmten

---

[119] Siehe van Vliet/van Luttervelt (2004).

[120] Vgl. Barthel et al. (2010), S. 19.

[121] Vgl. Barthel et al. (2010), S. 16.

Körpern definiert werden. Auch die zusätzliche Anwendung formloser Stoffe wird in dieser Definition eingeschlossen.[122]
Die Montage setzt sich aus dem Hauptprozess Fügen und den Nebenprozessen Handhaben, Kontrollieren, Justieren und Sonderoperationen zusammen.[123] Abbildung 12 zeigt die unterschiedlichen Montageprozesse unter Angabe der entsprechenden Normen, in denen sie beschrieben werden.

Montieren

Fügen DIN 8593	Handhaben VDI 2860	Kontrollieren VDI 2860	Justieren DIN 8580	Sonder- operationen
▪ Zusammen-setzen ▪ Füllen ▪ An-/Einpressen ▪ Fügen durch Urformen ▪ Fügen durch Umformen ▪ Fügen durch Schweißen ▪ Fügen durch Löten ▪ Kleben ▪ Textiles Fügen	▪ Speichern ▪ Mengen verändern ▪ Bewegen ▪ Sichern ▪ Kontrollieren	▪ Prüfen ▪ Messen	▪ Justieren durch Einformieren ▪ Justieren durch Umformen ▪ Justieren durch Trennen ▪ Justieren durch Fügen von Aus-gleichsteilen ▪ Justieren durch Einstellen ▪ Justieren durch Nachbehandeln	▪ Markieren ▪ Erwärmen ▪ Kühlen ▪ Reinigen ▪ Entgraten ▪ Bedrucken ▪ Abdecken ▪ Abziehen ▪ Auspacken ▪ Ölen ▪ Einsprühen ▪ Abdichten

Abbildung 12: Unterprozesse des „Montierens"[124]

Der Prozess *Fügen* umfasst nach DIN 8593 die Gruppen Zusammensetzen, Füllen, An- und Einpressen, das Fügen durch Urformen, Umformen, Schweißen und Löten, das Kleben und das textile Fügen.[125] Wie die Montageschritte aus den Bereichen Handhaben, Kontrollieren, Justieren oder den Sonderoperationen sind die Füge-Operationen auch in der Endmontage der Automobilproduktion zu finden und bilden einen Großteil der

[122] Vgl. Seliger (2011), S. 97.

[123] Vgl. Seliger (2011). S. 97.

[124] In Anlehnung an Lotter et al. (2012), S. 2.

[125] Siehe DIN 8593.

notwendigen Arbeitsschritte ab. Die durch das Fügen entstehenden Verbindungen lassen sich nach ihrer Lösbarkeit in voll lösbare (z.B. Schraubverbindungen), begrenzt oder schwer lösbare (z.B. Kerbteile) und unlösbare Verbindungen (z.B. Schweißverbindungen) unterteilen. In der Automobilherstellung findet man unlösbare Verbindungen vor allem im Karosseriebau. In der Montage der Anbauteile werden überwiegend lösbare und begrenzt lösbare Verbindungen eingesetzt.[126] Dies erleichtert eine Demontage im Nacharbeits- oder Wartungsfall.

BOOTHROYD gibt für die Vereinfachung des Handhabens, des Positionierens und des Fügens von Bauteilen Gestaltungsempfehlungen, um manuelle Montagevorgänge zu erleichtern.[127] Das Handhaben von Bauteilen während bzw. vor der Montage wird vereinfacht, wenn diese symmetrisch gestaltet sind oder – ggfs. bewusst hineinkonstruierte – Asymmetrien leicht erkennbar sind. Für die Bereitstellung der Teile am Montageband werden diese oft gestapelt oder in Kisten als Schüttgut bereitgestellt. Dabei ist durch die Bauteilgestaltung auszuschließen, dass sich diese verkeilen, verhaken oder verkleben. Außerdem sollten die Teile eine handhabbare Größe haben, nicht zu instabil oder gefährlich für den Mitarbeiter sein. Gefahren können unter Anderem scharfe Kanten an den Bauteilen darstellen.
Für das Positionieren und Fixieren gibt BOOTHROYD die folgenden Empfehlungen:

- Das Einbringen und Positionieren der zu fügenden Bauteile sollte möglichst wenig Kraft erfordern und eine Führung der Fügebewegung gegeben sein. Dabei sollte ein Verkanten der Bauteile ausgeschlossen werden.
- Der Einsatz von Standardteilen und -prozessen ist empfehlenswert, um Prozesse zu vereinheitlichen und zu vereinfachen.
- Nach Möglichkeit sollte eine Montage bezogen auf nur eine Referenzachse erfolgen („Pyramiden-Montage").
- Die Notwendigkeit des Haltens oder Anpressens von Teilen bei der Fixierung sollte vermieden und selbstausrichtende Konzepte sollten bevorzugt werden.

---

[126] Vgl. Rusitschka (2017), S. 18f.

[127] Vgl. Boothroyd et al. (2010), S. 74ff.

- Das Konzept sollte es ermöglichen, das Bauteil erst in der finalen Position loslassen zu müssen.
- Es gibt verschiedene Arten von Standard-Befestigungselementen, die sich u.a. in der benötigten Montagezeit unterscheiden. So kann ein Bauteil mithilfe von Schnappverbindungen in der Regel günstiger bzw. in kürzerer Zeit montiert werden als mit Clipsen oder Schrauben.[128]
- Die Notwendigkeit der Umpositionierung des unfertigen Zusammenbaus während der Montage sollte vermieden werden.

Die Effizienz einer Konstruktion hinsichtlich Montagezeit bzw. -kosten kann durch die genannten Konstruktionsempfehlungen gesteigert werden. Selbstverständlich wirkt auch die Reduzierung der Montageteilanzahl positiv auf das Montagekonzept und sollte angestrebt werden.[129] Die Summe dieser Empfehlungen und ergänzt durch empirische Untersuchungen zur Quantifizierung der „Montierbarkeit“[130] werden von BOOTHROYD als DfA-Methodik zusammengefasst, bei der eine Konstruktion über eine Effizienzgröße optimiert werden soll, die über die minimale theoretisch mögliche Montagezeit bezogen auf die tatsächliche Montagezeit bestimmt wird.[131]

DfX und PDD:

Für die Darstellung einer DfX-Methodik kann unter anderem das in Abschnitt 2.1.3.5 beschriebene PDD-Schema eingesetzt werden, indem das „X“ als äußeres Umfeld (External Conditions, EC_y) in dem Modell berücksichtigt und als X-System bezeichnet wird. Die Eigenschaften des X-Systems werden also mit den Einflussgrößen EC_y auf das Produkt gleichgesetzt. Beispielsweise kann so das Design for Manufacturing oder Design for Assembly abgebildet werden, indem das X-System das Produktionssystem repräsentiert.[132] Als Lösungsmuster können dann die entsprechenden Konstruktionsrichtlinien verwendet werden.[133]

[128] Auch die Notwendigkeit von zusätzlichen Hilfsmitteln und Werkzeugen für den Montageprozess erhöht ggfs. die notwendige Montage- oder Handlingskosten.

[129] Vgl. Boothroyd (2010), S. 81.

[130] In Boothroyd (2010) als *Ease of Assembly* bezeichnet.

[131] Vgl. Boothroyd (2010), S. 81ff.

[132] Siehe Weber/Werner (2001), Weber (2007).

[133] Vgl. Weber (2007), S. 97f.

Kehrt man diese Gedankengänge um, kann diese Darstellung auch die Auswirkungen des zu entwickelnden Produkts auf das X-System abbilden. So können bei der Entwicklung des X-Systems (*Design of X*)[134] die Eigenschaften des Produkts als äußere Einflüsse gewertet werden. In Abbildung 13 ist dies dargestellt.

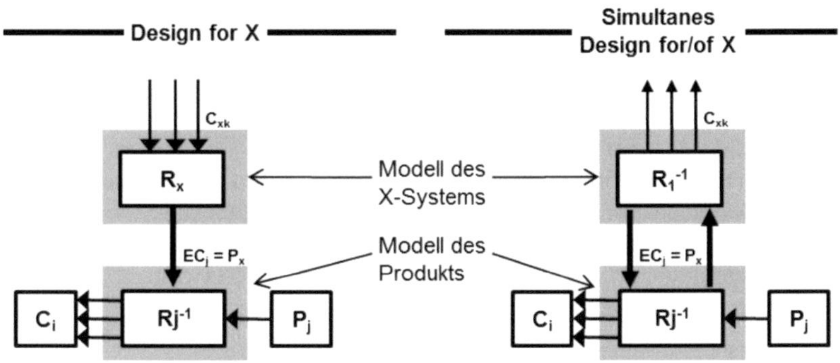

Abbildung 13: Design for X (links) u. gleichzeitiges Design for X und Design of X[135]

In der Regel treten in der Entwicklung der Automobilindustrie sowohl Vorgehensweisen des Design of X als auch solche des Design for X auf. Wenn ein neues Produkt an einem bestehenden Standort gefertigt werden soll, überwiegt das Design for X. Design of X wird eingesetzt, wenn für ein bestehendes Produkt ein neuer Produktionsstandort geschaffen wird.[136]
Neben der Berücksichtigung bestehender Produktionsstrukturen gibt es noch andere Faktoren, die auf den Produktentwicklungsprozess Einfluss nehmen.

2.1.5 Weitere Einflussgrößen auf den Produktentwicklungsprozess

Wie in Abschnitt 2.1.4 dargelegt kann der Produktentwicklungsprozess in verschiedenen Formen (parallel und sequentiell) organisiert sein, was sich unter anderem auf dessen Dauer und die Art der Herausforderungen auswirkt, denen sich das Entwicklungsteam gegenüber sieht. Aber auch andere Größen,

[134] Vgl. Weber (2005), S. 169.

[135] Vgl. Weber (2005), S. 169.

[136] Vgl. Müller (2008), S. 40f.

wie der Innovationsgrad des Produkts oder die Fertigungsorganisation wirken sich auf den Produktentwicklungsprozess und damit auf die Absicherungsaktivitäten aus. Diese Einflussgrößen sollen in den folgenden Teilabschnitten dieses Kapitels dargestellt werden.

2.1.5.1 Innovationsgrad von Produktentwicklungen

Im Allgemeinen unterscheiden sich Produktentwicklungsprojekte auch innerhalb eines bestimmten Unternehmens nicht zuletzt anhand des Innovationsgrads des zu entwickelnden Produkts. Grundsätzlich können vier Stufen unterschieden werden:[137]

- **Wiederholkonstruktion**

  Von einer Wiederholkonstruktion spricht man, wenn ein bestehendes Produkt einen erneuten Fertigungsanlauf erlebt und gegebenenfalls an neue Randbedingungen (z.B. aufgrund der Verfügbarkeit von Bauteilen/Materialen) angepasst werden muss.

- **Variantenkonstruktion**

  Werden innerhalb bestimmter Grenzen Bauteile/Baugruppen variiert, jedoch die vorhandene Produktgestalt sowie die verwendeten Arbeitsprinzipien beibehalten, wird dies als Variantenkonstruktion bezeichnet.[138]

- **Re-Design oder Anpassungskonstruktion eines etablierten Produkts**

  Durch eine Anpassungskonstruktion wird ein vorhandenes Produkt an veränderte Anforderungen und Randbedingungen angepasst oder werden Verbesserungspotentiale realisiert. Obwohl hier bei verschiedenen Einzelteilen Neukonstruktionen notwendig sind, werden die grundlegenden Lösungsprinzipien des Ursprungsprodukts weiterhin verwendet.

- **Neues Konzept oder Neukonstruktion**

  Wird für die Befriedigung eines Marktbedürfnisses eine vollkommen andersartige Lösung verwendet, oder wird durch den Einsatz einer

[137] Vgl. Feldhusen et al. (2013b), S. 293.

[138] Vgl. Specht/Möhrle (2002), S. 399.

neuen Technologie oder Idee eine Nachfrage angeregt und so ein neuer Markt geschaffen (wie z.B. die Entwicklung des ersten tragbaren Musikabspielgerätes („Walkman“) von Sony 1979), spricht man von einer Neukonstruktion.

In anderen wissenschaftlichen Veröffentlichungen lassen sich noch weitere Einteilungen des Innovationsgrads finden, die entweder das Produkt aus Sicht des Unternehmens bezogen auf den Markt beschreiben,[139] oder auch andere Bereiche, wie bspw. unternehmensspezifische Faktoren einbeziehen. So wird u.a. in BIERTER (2001) die Entwicklung des Produktionssystems mitberücksichtigt und die Einteilung in *Produktionsoptimierung*, *Produktoptimierung*, *Neu-Design von Produkten* und *radikale Systeminnovation* vorgenommen.[140]
Je nach Innovationsgrad des zu entwickelnden Produkts stellen sich andere Arten von Herausforderungen an die Produktentwicklung. Und obwohl sich damit der Innovationsgrad nicht direkt mit dem Konstruktionsaufwand gleichsetzen lässt,[141] kann dieser dennoch in vielen Fällen als Indikator für den Gesamtaufwand des Entwicklungsprojekts verwendet werden. So müssen beispielsweise Gleichteile und bereits in anderen Produkten verbaute Baugruppen nicht mehr einzeln, sondern nur im Kontext des Gesamtsystems abgesichert werden. Der Innovationsgrad hat demnach einen Einfluss auf den Absicherungsaufwand.[142]

2.1.5.2 Entwicklung komplexer Produkte für die Serienfertigung

Eine weitere Eigenschaft von technischen Produkten, die sich auf das Produktentwicklungsprojekt auswirkt, ist die *Produktkomplexität*. So stellt z.B. GRIFFIN einen Zusammenhang zwischen Produktkomplexität (in Bezug auf die durch das Produkt zu erfüllenden Funktionen) und dem Konstruktionsaufwand her.[143]

[139] Vgl. Clark/Chew/Fujimoto (1987), S. 733; Lukas/Ferrel (2000), S. 240.

[140] Vgl. Bierter (2001), S. 2.

[141] Vgl. Feldhusen et al. (2013b), S. 293. In der industriellen Praxis werden die beschriebenen Begriffe teilweise anderes eingesetzt. Beispielsweise wird bei der Entwicklung eines neuen Fahrzeugmodells oft von einer Neukonstruktion gesprochen, wenn z.B. der Gleichteilanteil sehr gering ist, doch handelt es sich hier im akademischen Sinne um eine Anpassungskonstruktion. Siehe hierzu auch Abschnitt 2.1.6.

[142] Vgl. Weber, J. (2012), S. 2f.

[143] Vgl. Griffin (1993), S. 115.

Im Fokus dieser Arbeit steht die Entwicklung von Serienfahrzeugen, welche im Vergleich zu anderen Serienprodukten aufgrund ihrer hohen Anzahl von Bauteilen und den vielseitigen Wirkzusammenhängen zwischen diesen, aber auch aufgrund der Produktanforderungen in der Literatur oft als komplexe Produkte bezeichnet werden.
Für den Begriff *Komplexität* gibt es eine Vielzahl von Definitionen, die sich jedoch in vielen Aspekten ähnlich sind.[144] Die (statische) Systemkomplexität wird durch die *Varietät* und die *Konnektivität* definiert, die die Anzahl und Verschiedenartigkeit[145] sowie die Ungleichmäßigkeit[146] der Systemelemente bzw. Elementbeziehungen beschreibt. Wird ein zeitlicher Bezug in die Betrachtung einbezogen, kann die Definition um das Merkmal *Dynamik* (Art und Anzahl der möglichen Zustände der Systemelemente) erweitert werden.[147] Diese Merkmale des Begriffes „Komplexität" sind in Abbildung 14 dargestellt.

Komplexität							
Varietät			Konnektivität			Dynamik	
Arten der Elemente	Anzahl d. Elemente	Ungleichmäßigkeit d. E.	Arten der Beziehungen	Anzahl d. Beziehungen	Ungleichmäßigkeit d. Bez.	Arten d. mögl. Zustände	Anzahl d. mögl. Zustände

Abbildung 14: Beschreibungsmerkmale von Komplexität[148]

Ein komplexes technisches System[149] kann in der Regel in Sub-Systeme zerlegt werden, die selbst jeweils weiter aufgeteilt werden können. Dabei kann jede Komponente ihr eigenes Wirkprinzip und spezielle Eigenschaften haben. Übertragen auf Produkte und deren Entwicklung ergibt sich neben der Systemkomplexität auch eine Komplexität in der organisatorischen

[144] Vgl. Reither (1997), S. 10.

[145] Vgl. Patzak (1982), S. 22.

[146] Vgl. Lindemann (2009), S. 10.

[147] Vgl. Lindemann (2009), S. 10.

[148] In Anlehnung an Patzak (1982), S. 23.

[149] Siehe Kapitel 2.1.1.

Dimension, da in die Entwicklung viele verschiedene Disziplinen und Akteure involviert sind.[150]

Gerade PKW werden oft als Beispiel für komplexe Produkte genannt.[151] Ein Neuwagen der Mittelklasse besteht in der Grundausstattung aus einigen Tausend einzelnen, oft verschiedenartigen Bauteilen und kann damit aufgrund der Bauteilvarietät, aber auch der Konnektivität als ein komplexes technisches System bezeichnet werden. Nicht nur für die Entwicklung des Produkts erhöht hier die Anzahl von Varianten die Komplexität der Aufgaben, sondern natürlich auch für die Gestaltung des gesamten Produktionssystems, wie beispielsweise der Logistik und der Montage.[152] Beispielsweise erhöht eine hohe Varietät in Anbauteilen und Verbindungskonzepten die Varietät von Montageoperationen. Da die einzelnen Montageoperationen abgesichert und abgestimmt werden müssen, beeinflusst die Produktkomplexität auch den Absicherungsaufwand für die Sicherstellung der Serientauglichkeit eines Fahrzeugs.
Zudem muss das Produktionssystem in der Regel nicht nur die Fertigung einer Fahrzeugvariante ermöglichen, sondern auch verschiedene (Länder-) Varianten und durch den Kunden konfigurierbare Sonderausstattungskombinationen abdecken. Zu der Produktkomplexität eines einzelnen Fahrzeugtyps erhöht auch die Komplexität des Produktportfolios den Absicherungs- und Abstimmungsaufwand von Produkt und Produktionssystem.
Die Varietät eines Produkts und dessen Bauteilen spielt – zusammen mit der geplanten Ausbringungsmenge – auch eine wichtige Rolle in der Gestaltung der Produktionsorganisation.

2.1.5.3 Besonderheiten der Serienfertigung

Grundsätzlich lassen sich Produktionsorganisationen durch die räumliche Anordnung ihrer Elemente nach ihrer Funktions- bzw. Objekt-Orientierung unterscheiden.[153] Bei der Funktionsorientierung sind gleiche Arbeitsgänge/-stationen räumlich zu einer fertigungstechnischen Einheit zusammengefasst. Diese Art der Fertigung eignet sich für die Kleinserien- und

---

[150] Vgl. Lin (2004), S. 8.

[151] Siehe bspw. Schömann (2011).

[152] Vgl. Wißler (2005), S. 37.

[153] Vgl. Günther/Tempelmeier (2013), S. 11.

Einzelteilfertigung und wird auch als Werkstattprinzip bezeichnet.[154] Die Flexibilität und die Qualität der Fertigung sind dabei hoch, doch ist in der Regel eine hohe Qualifizierung des Personals notwendig und es ist mit vergleichsweise langen Transportwegen und zusätzlichen Warte- und Umrüstzeiten zu rechnen.[155] Bei Objekt-orientiertem Produktionsprinzip ergibt sich die Anordnung der Arbeitsstationen durch die Bearbeitungsfolge des Produkts.[156] Die aufgrund der Fokussierung auf die Bearbeitungsfolge verkürzte Durchlaufzeit dieser Produktionsorganisation begünstigt ihren Einsatz in der Großserienfertigung, bei der die hohen Anlagenkosten über Skaleneffekte abgefangen werden können.

Eine Sonderform der Produktionsorganisation ist die Baustellenfertigung. Hier werden nicht wie bei den anderen Produktionstypen die Werkstücke zu den Arbeitsplätzen und Maschinen bewegt, sondern die Produktionsmittel müssen zu der Baustelle befördert werden.[157] Abbildung 15 zeigt die verschiedenen Organisationstypen der Produktion.

[154] Vgl. Reichwald/Dietel in Heinen (1991), S. 432.

[155] Vgl. Thommen/Achleitner (2003), S. 341.

[156] Vgl. Meißner (2009), S. 19.

[157] Vgl. Reichwald/Dietel (1991), S. 436.

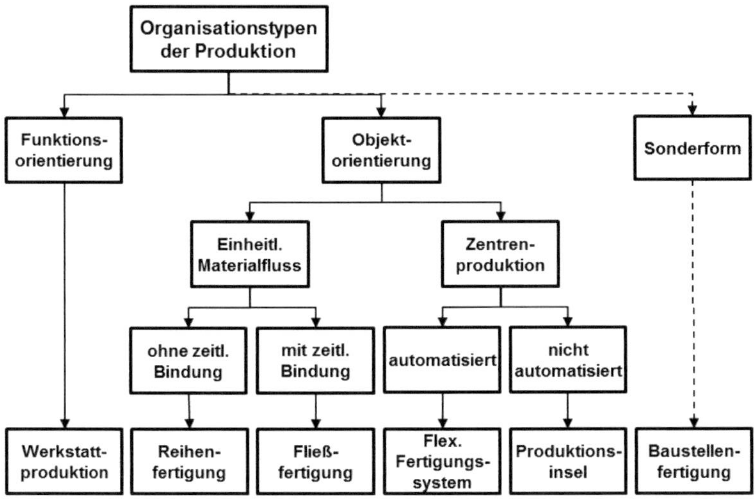

Abbildung 15: Organisationstypen der Produktion[158]

Bei der Produktion von Serienprodukten ist das Produktionssystem für die mehrfach wiederholte Produktherstellung ausgelegt.[159] Als Serienprodukt soll hier ein Produkt bezeichnet werden, das in großer Stückzahl und nicht (bzw. nur in Bezug auf definierte Varianten) kundenspezifisch gefertigt wird. Für die Großserien- und Massenfertigung eignet sich vor allem die Fließfertigung.[160] Hier wird mithilfe eines Fördersystems, wie beispielsweise eines Förderbands, ein konstanter Produktionsfluss ermöglicht. Dabei wird das Werkstück durch die einzelnen, hintereinander angeordneten Stationen befördert, an denen die Bearbeitungsschritte durchgeführt werden. Die zeitliche Abstimmung kann durch die Aufteilung des Prozesses in Arbeitstakte gleicher Dauer (Taktzeit) erfolgen.[161] Die Fließfertigung zeichnet sich durch hohe Einmalinvestitionen in Fertigungsanlagen und -prozesse, verhältnismäßig geringe Stückkosten und durch häufige

[158] In Anlehnung an Günther/Tempelmeier (2013), S. 11.

[159] Vgl. Reichwald/Dietel (1991), S. 436.

[160] Vgl. Müller (2008b), S. 13.

[161] Vgl. Reichwald/Dietel (1991), S. 434, Boysen et al. (2011), S. 760.

Prozesswiederholungen aus.[162] Eine Besonderheit von Serienprodukten liegt darin, dass die Entwicklungsprozesse stark mit dem Vermarktungsprozess verknüpft sind. Die Produkte werden in der Regel nicht aufgrund eines individuellen Kundenauftrags entwickelt und produziert, sondern für einen durch Marketinginstrumente identifizierten oder prognostizierten, letztlich anonymen Markt. Um diesen bestmöglich zu erreichen, müssen die Entwicklungs- und Produktionsprozesse mit den Marketing- und Vertriebsprozessen abgestimmt sein, wobei insbesondere die Phase der Markteinführung eine wichtige Rolle spielt.[163] Durch Flexibilisierungsstrategien, wie z.B. durch den Einsatz von Universalwerkzeugen können jedoch auch sehr variantenreiche Produkte auf einer Fließfertigungslinie effizient produziert werden („mass customization“).[164] Man spricht dann von einer Variantenfließfertigung, die vor allem in der Automobil- und Elektroindustrie eingesetzt wird.[165]
Der Organisationstyp der Produktion bestimmt die Flexibilität des Produktionssystems und muss bereits während der Entwicklung des Produkts berücksichtigt werden. Bspw. erleichtert in der Automobilindustrie die frühzeitige Berücksichtigung der Montageanforderungen in Bezug auf die mögliche Variantenbildung, die Montage effizient zu gestalten und Montagefehler und Prozessstörungen zu vermeiden. Bspw. können Montageumfänge aus der Hauptmontagelinie in separate Nebenlinien verlagert werden.

2.1.6 Produktentwicklung in der Automobilindustrie

In der Automobilindustrie verfährt jeder OEM nach einem unternehmensspezifischen, detaillierten Prozessmodell für die Fahrzeugentwicklung (PEP), das in der Regel der Geheimhaltung gegenüber Wettbewerbern und der Öffentlichkeit unterliegt. Trotz der fehlenden Detaillierung lässt die Fachliteratur jedoch auf Gemeinsamkeiten in der Struktur der Entwicklungsprozesse schließen.[166] Der PEP umfasst die Konzeptentwicklung, die dann in die Detaillierungsphase übergeht. Die

[162] Vgl. Wißler (2005), S. 37.

[163] Vgl. Wißler (2005), S. 37.

[164] Vgl. Boysen et al. (2011), S. 760.

[165] Vgl. Neumann (1996), S. 147.

[166] Vgl. Weber, J. (2009), S. 7.

Absicherungsaktivitäten und die Produktionsplanung beginnen bereits während der Konzeptphase (siehe Abbildung 16).

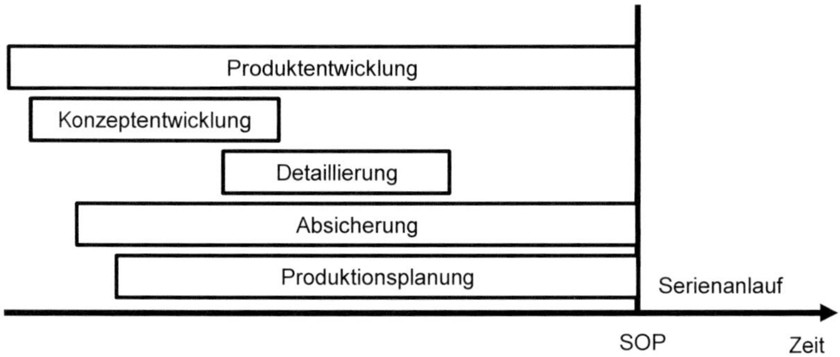

Abbildung 16: Produktentwicklungsprozess in der Automobilindustrie[167]

Die Entwicklung ist in der Regel projekthaft organisiert,[168] und kann nach Innovationsgrad des zu entwickelnden Fahrzeugs (bzw. dessen Ähnlichkeit zu einem Vorgänger oder einem anderen Produkt im Portfolio) in die folgenden Kategorien eingeteilt werden:[169]

- Complete Re-Design (normalerweise in Form einer weitreichenden Modellüberarbeitung nach ca. 7 Jahren): Standard- und Carry-over-Teile werden überwiegend im nicht-sichtbaren Bereich verwendet.
- Derivate Design: Für den Kunden sollten die Übernahme-Teile nicht wahrnehmbar sein, aber das Fahrzeug basiert auf einer vorhandenen Plattform und System-Architektur.
- Varianten-Design:[170] Ableitung von z.B. Cabrio und Touring aus der Limousine. Hier werden das Exterieur- und Interieur-Design

[167] In Anlehnung an Müller (2008), S. 22 und Stark/Kind (in Stark et al. (2010), S. 22).

[168] Vgl. Stark et al. (2010), S. 22.

[169] Vgl. Weber, J. (2009), S. 1., der Autor stellt eine Kategorisierung von Innovationsgraden vor, die speziell auf die Fahrzeugentwicklung bezogen ist und von der in Abschnitt 2.1.5.1 beschriebenen allgemeinen Kategorisierung abweicht.

[170] Vgl. Weber, J. (2009), S. 2.

weitestgehend von dem Basis-Fahrzeug übernommen. Die Ähnlichkeit ist deutlich sichtbar.

- Model-Updates/Face-Lifts: In der Regel werden Design-Änderungen und die Angebotserweiterung um zusätzliche Sonderausstattungen oder Farben dazu verwendet, um in den Phasen nach der Produkteinführung das Produkt attraktiv zu halten und/oder neue Kunden zu gewinnen.
- Laufende Veränderungen: Teile-/Produktionsprozessoptimierungen. Eine Möglichkeit, diese Änderungen in die Produktion einzubringen, ist es, sie zu sammeln und zu einer planmäßigen Produktionsunterbrechung alle gleichzeitig einzubringen.
- Neuentwicklung: Neukonstruktion eines Fahrzeugs mit erstmaligem Einsatz von Innovationen grundlegender Konzepte.[171]

Die Anforderungen, die ein PKW erfüllen muss, resultieren nicht nur aus den Bedürfnissen der Endkunden (Funktion, Effizienz, Sicherheit, Ästhetik), sondern auch aus Anforderungen von anderer Seite wie z.B. von Gesetzgeber und Gesellschaft (Emissionen, Energiebedarf, Recyclingfähigkeit) oder dem Fahrzeughersteller selbst (Fertigungs- und Montagegerechtheit des Produkts). Dadurch sowie durch marktspezifische Unterschiede (z.B. unterschiedlicher Kundengeschmack oder unterschiedliche gesetzliche Regelwerke auf verschiedenen Märkten) sind die zu erfüllenden Eigenschaften sehr vielfältig. Im Folgenden sollen einige wichtige Kunden- und gesetzesrelevante Eigenschaften aufgezeigt werden.

Primäre/Kunden-relevante Eigenschaften, die der Kunde in der Regel bei der Kaufentscheidung berücksichtigt:[172]

Das Fahrzeug weist sowohl objektiv messbare als auch nur subjektiv einschätzbare Eigenschaften auf, die der Kunden in seine Kaufentscheidung einbezieht. Zu den letztgenannten gehört beispielsweise das Erscheinungsbild (Styling), die Ergonomie (z.B. Sitzpositionen, Sicht, Beinfreiheit, User-Interfaces, Bedienkräfte, Ein- und Ausstiegskomfort), die Praktikabilität (z.B. Zulademöglichkeiten) und das Sound Design (z.B. Klang des Motors,

[171] In der PKW-Entwicklung kommt eine komplette Neuentwicklung (bezogen auf das Produktportfolio eines Unternehmens) in der Regel nur bei neu gegründeten OEMs vor.

[172] Vgl. Weber, J. (2009), S. 107ff.

Türschließgeräusche). Durch die starke Abhängigkeit der Bewertung dieser Eigenschaften von den individuellen Präferenzen des Kunden ist die Formulierung von Anforderungen an diese nicht einfach. Andere Eigenschaften, an die sich messbare Anforderungen formulieren lassen, sind beispielsweise das Kofferraumvolumen, das Spektrum an Fahrassistenz- und Infotainment-Funktionalitäten, die Fahrleistungen und die Emissionswerte. Dem gegenüber stehen bei der Kaufentscheidung unter anderem die Kosten des Fahrzeugerwerbs und -besitzes. Neben den zu leistenden Kaufpreis und ggfs. entsprechenden Finanzierungskosten fallen während der Nutzungsdauer weitere Kosten wie Steuern und Versicherungsprämien an. Auch der Wiederverkaufswert, und damit der Wertverlust des Produkts während der Eigentümerschaft, die sog. End-of-Ownership-Kosten (z.B. für Verschrottung, Verkauf) und die Betriebskosten (Operating Costs), die direkt aufgrund der Fahrzeugnutzung entstehen (z.B. Treibstoff- und Wartungskosten) werden oft in Kaufentscheidungen einbezogen.

(Gesetzliche) Anforderungen an die Zulassungsfähigkeit[173]
Um die Zulassung im Straßenverkehr zu gewähren, stellt der Gesetzgeber ebenfalls Anforderungen an bestimmte Eigenschaften. Dies sind beispielsweise die aktive und passive Sicherheit des Fahrzeugs, die Emissionen, die Position/Sichtbarkeit von Nummernschild, Fahrzeug-Identifizierungsnummer etc., sowie bestimmte Dimensionen.

Neben den kunden- und gesetzesrelevanten Anforderungen gibt es noch eine Vielzahl von weiteren, die in der Fahrzeugentwicklung berücksichtigt werden müssen. In dieser Arbeit sollen besonders die Anforderungen der Produktion und speziell der Montage betrachtet werden, deren Erfüllung notwendig ist, um Störungen im Produktionsanlauf und in der Serienproduktion zu vermeiden.

2.1.7 Anlaufvorbereitung und Anlaufphase

Gegen Ende des Produkt- und Produktionsentwicklungsprozesses geht dieser in die Anlaufphase über. Diese beinhaltet die Aktivitäten für die Vorbereitung auf den Produktionsstart und auch die Hochlaufkurve, bei der das Produktionssystem auf die Zielausbringungsmenge gesteuert wird. Schon

[173] Vgl. Weber, J. (2009), S.110f.

während der Anlaufphase werden erste Produkte im späteren Serienproduktionssystem hergestellt, die jedoch teilweise noch nicht für die Endkunden bestimmt sind, sondern für die Absicherung der Produktionsprozesse und des Produkts genutzt werden. Auch werden in dieser Phase bereits erste Rationalisierungs- bzw. Effizienzsteigerungsmaßnahmen abgeleitet, die zum Produktionsstart umgesetzt werden.[174]

Die Anlaufphase ist mit vielen Risiken verbunden, da viele Veränderungen gleichzeitig auf das Produktionssystem treffen und sich auch die Mitarbeiter auf das neue Produkt einstellen müssen. Daher ist das Anlaufmanagement ein wichtiges Werkzeug, um mit dem Produktanlauf die Qualitäts-, Zeit- und Kostenziele zu erreichen (siehe Abbildung 17).

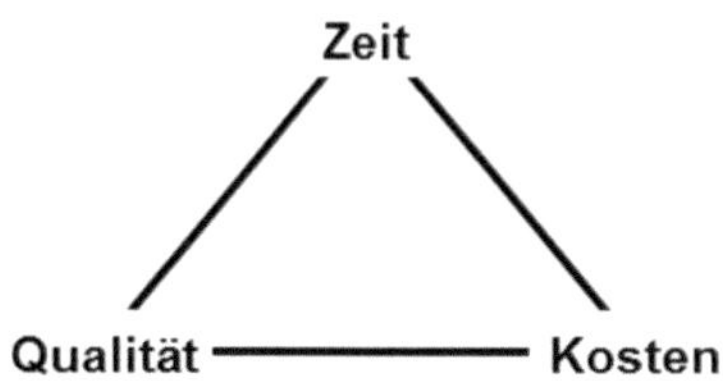

Abbildung 17: Zieldimensionen in der Anlaufphase[175]

Der Erfolg eines Unternehmens wird in der Regel durch finanzielle Kenngrößen dargestellt. Die Anlaufphase ist jedoch schwer zu bewerten, da sie sich unter anderem dadurch auszeichnet, dass erst nach deren Abschluss der Erfolg bzw. Misserfolg mit finanziellen Größen bewertet werden kann.[176] In der Produktentwicklungs- und der Anlaufphase werden (intangible) Potentiale geschaffen, die erst in späteren Phasen monetär bewertbare Wirkung zeigen.[177] So sind vor Produktionsstart in der Regel nur Prognosen und Bewertungen aufgrund von Erfahrungswerten und Indikatoren möglich.

[174] Vgl. Weber, J. (2009), S. 39.

[175] Vgl. Lingg (1992), S.74, Wiederin (1992), S.79, Hirschbach (1994), S. 106f.

[176] Vgl. Gross/Renner (2010), S. 4.

[177] Vgl. Möller/Stirzel (2008), S. 261.

Eine Reihe von Arbeiten beschäftigt sich mit der Identifizierung solcher Indikatoren und der Formulierung von Erfolgsfaktoren in der Anlaufphase.[178]

In der Automobilindustrie wird die Anlaufphase nochmals unterteilt in die Vorserie, die Nullserie sowie den Produktionshochlauf.[179]

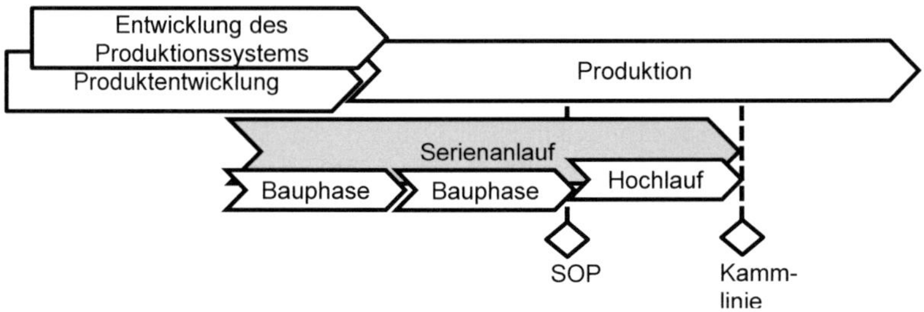

Abbildung 18: Phasen des Serienanlaufs in der Automobilindustrie[180]

Während der Vorserie werden die ersten Fahrzeuge im Zielwerk oder zumindest unter Serien-nahen Bedingungen produziert und letzte Änderungen an Produkt und Produktionssystem vorgenommen. In dieser Phase entstehen noch nicht alle Bauteile aus Serienwerkzeugen, und können damit noch Abweichungen zum späteren Serienstand aufweisen. Neben Produkt- und Prozess-Abstimmungen wird die Vorserienphase auch für die Mitarbeiterqualifikation bezogen auf die neuen Fertigungsprozesse genutzt. Die anschließende Null-Serie zeichnet sich dadurch aus, dass die verwendeten Bauteile bereits mit den späteren Serienwerkzeugen gefertigt werden.[181]
Nach dem SOP-Termin (Start of Production) wird die tägliche produzierte Stückzahl in der Hochlauf-Phase von einem anfänglich geringeren Niveau auf die geplante Tagesstückzahl (Kamm-Linie) erhöht.[182]

[178] Siehe u.a. Renner (2012).

[179] Vgl. Milling/Jürging (2008), S. 68.

[180] In Anlehnung an Milling/Jürging (2008), S. 68.

[181] Vgl. Schuh/Stölze/Straube (2008), S. 2.

[182] Vgl. Milling/Jürging (2008), S. 68.

2.2 Der Absicherungsprozess

Wie aus den in Abschnitt 2.1.3 beschriebenen Prozessmodellen erkennbar ist, sind die Bewertung des Konstruktionsstands und der Abgleich mit den jeweiligen Anforderungen wichtige Elemente des Produktentwicklungsprozesses. Je früher dabei Unstimmigkeiten zwischen Ist- und Soll-Stand bemerkt werden, desto einfacher lassen sich diese korrigieren, denn je weiter die Entwicklung fortschreitet, desto kostspieliger werden Änderungen des Konstruktionsstands. Die oft zitierte „Zehner-Regel“ beschreibt die Vervielfachung von Änderungskosten in den Phasen der Aufgabenklärung, Konstruktion, Produktionsvorbereitung, Produktion und nach Auslieferung um jeweils den Faktor 10. Demnach würde ein Problem, das schon während der Aufgabenklärung entdeckt wird und das in dieser Phase mit einer ein Euro teuren Maßnahme behoben werden könnte, nach Auslieferung Änderungskosten von zehntausend Euro verursachen.[183]

Um dieser Problematik entgegen zu wirken und den Entwicklungsaufwand zu senken, wurden Ansätze entwickelt, gezielt und frühzeitig auf den Entwicklungsprozess einzuwirken. Diese Ansätze werden oft unter dem Begriff „Frontloading“ beschrieben, und zielen auf eine Reduzierung der Produktänderungen in den späten Produktentwicklungsphasen bzw. auf eine Verlagerung der Problemlösungsaktivitäten in die früheren Phasen ab.[184] In Abbildung 19 werden die Produktänderungen eines Produktentwicklungsprojekts über die Zeit und ein mithilfe von Frontloading-Maßnahmen modifizierter Verlauf dargestellt.

[183] Siehe u.a. Ehrlenspiel et al (1998), S. 12.

[184] Vgl. Thomke/Fujimoto (2000), S. 129.

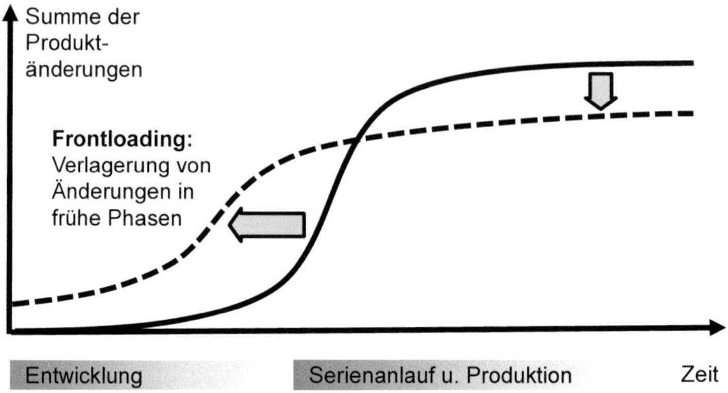

Abbildung 19: Produktänderungen in einem „klassischen" Projekt und das Ziel des Frontloadings[185]

Für die Reduzierung später Änderungen ist eine frühzeitige Erkennung von Zielabweichungen und Risiken notwendig und somit stellen Absicherungsmaßnahmen einen wichtigen Stellhebel dar. In diesem Abschnitt soll daher der Prozess der Absicherung beschrieben und modellhaft dargestellt werden.

2.2.1 Der Absicherungsprozess als Element der Produktentwicklung

Die Absicherung ist ein Teil des Produktentwicklungsprozesses, dessen Ziel die **Bewertung** eines Entwicklungsstands hinsichtlich bestimmter Kriterien ist. Die durch die Absicherungsmaßnahmen gewonnenen Erkenntnisse dienen als **Entscheidung**sgrundlage für weitere Entwicklungsschritte oder – wenn alle Kriterien zufriedenstellend erfüllt sind – zur Beendigung des Entwicklungsprozesses. Speziell bei der Entwicklung von komplexen Produkten wie Kraftfahrzeugen ist die Absicherung von Produktfunktionen und -eigenschaften unverzichtbar, da das Zusammenwirken der einzelnen Komponenten im Gesamtsystem einer hohen Anzahl von Wechselwirkungen unterliegt und gleichzeitig vielseitige Anforderungen zu erfüllen sind. Dies ist nicht nur in der Komplexität des Systems selbst, sondern auch in der starken Arbeitsteiligkeit während des Entwicklungsprozesses begründet.

[185] Vgl. Hab/Wagner (2017), S. 183.

Beispielsweise können bestimmte Fahrwerkseigenschaften derzeit nur durch Erprobung des Fahrzeugs bewertet und durch iterative Prozesse eingestellt werden. Wie bereits im voranstehenden Abschnitt angedeutet wurde, spielt in der Entwicklung von Serienfahrzeugen neben der Absicherung der Produktfunktionen und -eigenschaften auch die Absicherung der Produktionsprozesse eine wichtige Rolle, da hier große Stückzahlen in einem in der Regel sehr komplexen und hoch automatisierten Produktionssystem gefertigt werden. Da deswegen Störungen und Verzögerungen im Produktionsanlauf sehr kostenintensiv sind, muss die Herstellbarkeit des Produkts möglichst früh vor Produktionsstart sichergestellt werden. Neben der Ermöglichung einer steilen Produktionshochlaufkurve ohne teure Nacharbeitslösungen soll mithilfe einer umfassenden Absicherung auch das Risiko späterer Produkt-, Prozess- oder Werkzeugänderungen verringert werden.

Im Allgemeinen gibt es zwei Vorgehensweisen für Untersuchungen für die Absicherung von Entwicklungsständen: das abprüfende und das „explorative" Vorgehen. Während beim abprüfenden Vorgehen gezielt **zuvor festgelegte Fragestellungen** beantwortet werden, werden bei explorativen Untersuchungen die Eigenschaften und das Verhalten des Untersuchungsgegenstands unter **bestimmten Rahmenbedingungen** betrachtet wobei nicht zwingenderweise eine spezifizierte Fragestellung im Fokus steht.[186] Diese Art der Untersuchung wird oft eingesetzt, wenn die Konstruktion mehrdimensionale und konkurrierende Optimierungsziele verfolgt oder Eigenschaften nicht objektiv messbar sind.
Bei den abprüfenden Verfahren liegt in der Regel bereits eine detaillierte Vorstellung des Zielzustandes vor und so können als Hilfsmittel Prüflisten und Bewertungssystematiken zur Verfügung gestellt werden (siehe Abschnitt 4.1.2). HUPFER spricht in diesem Zusammenhang von einer *Prüfung* und definiert diese als Vergleich zwischen Ist- und Soll-Zustand.[187]

Auf Basis dieser Untersuchungen kann eine Bewertung des Konstruktionsstandes erfolgen, die als Entscheidungsgrundlage für weitere Entwicklungsschritte wie z.B. konstruktive Änderungen dient. Der Vorgang

[186] Diese Definition ist ähnlich der Definition des Begriffs *Test* als Untersuchung des Verhaltens des Testobjekts in realen Situationen oder Simulationen dieser (nach Hupfer (1999), S. 335).

[187] Vgl. Hupfer (1999), S. 335.

der Untersuchung und der Bewertung eines Entwicklungsstands (des Produkts oder Prozesses) werden im Folgenden als Bestandteile einer *Absicherungsmaßnahme* betrachtet. In Abbildung 20 wird dieser Zusammenhang dargestellt. Der Test bzw. die Prüfung des Absicherungsobjekts (oder einer Repräsentation dessen) ist hier die Grundlage für die Bewertung und eventueller konstruktiver Anpassungen. Unter dem Begriff *Absicherungsobjekt* soll hier der Untersuchungsgegenstand verstanden werden, auf den sich die Fragestellung bezieht. Dabei kann es sich beispielsweise um einen Prozess, ein Produkt, ein einzelnes Bauteil oder auch einen Teilbereich eines Produkts oder Bauteils handeln. Ausgehend von dem Bewertungsergebnis wird die Entscheidung für eine konstruktive Änderung getroffen oder die Anforderungserfüllung durch das Absicherungsobjekt bestätigt. Natürlich können auch andere, externe Einflüsse eine konstruktive Änderung begründen. Dies sind beispielsweise geänderte Gesetzes- oder Kundenanforderungen.

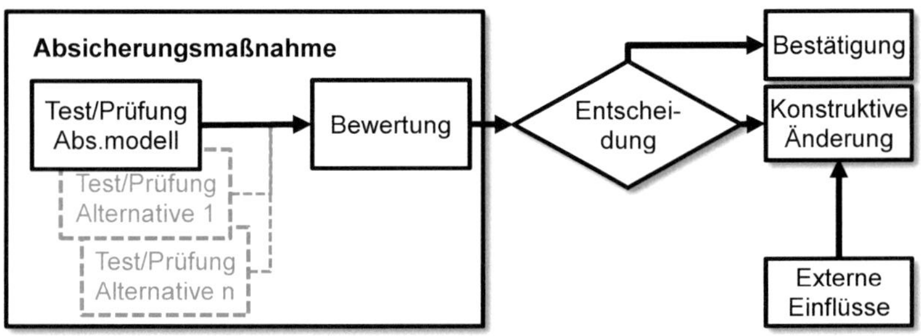

Abbildung 20: Absicherungsprozess

Es gibt verschiedene Arten von Absicherungsmaßnahmen, daher sollen diese im folgenden Abschnitt detaillierter beschrieben und in Form eines Modells abgebildet werden.

2.2.2 Modellhafte Darstellung einer Absicherungsmaßnahme

Je nach Untersuchungsziel bezieht sich eine Absicherungsmaßnahme auf ein bestimmtes Objekt. Dieses Absicherungsobjekt muss nicht zwangsläufig ein reales Bauteil oder eine Baugruppe sein, sondern es kann sich auch um ein immaterielles Objekt handeln wie z.B. eine Prozessbeschreibung in der

Produktion. Wenn die Absicherung so früh wie möglich erfolgen soll, wird das reale Absicherungsobjekt zum Zeitpunkt der Absicherung in der Regel nicht verfügbar sein. In diesem Fall muss ein für die Fragestellung geeignetes Ersatzmodell gefunden und eingesetzt werden. Ein Modell ist dabei ein materielles oder immaterielles Gebilde, das der Abbildung oder Repräsentation eines bestimmten Originals dient. Es werden dabei nicht alle Eigenschaften des Originals dargestellt, sondern nur die für den Zweck des Modells relevanten.[188]

Die Eigenschaften, die dieses Ersatzmodells im Rahmen einer Absicherungsmaßnahme besitzen muss, können ähnlich wie Produkteigenschaften dargestellt werden. So wurde im Folgenden eine Darstellung ähnlich dem CPM-Ansatz von WEBER gewählt. Die Darstellung bezieht sich hier also nicht direkt auf ein Produkt, sondern auf das (Ersatz-) Modell des Absicherungsobjekts im Kontext einer Absicherungsmaßnahme. Die Gestaltung dieses Absicherungsmodells erfolgt über die Festlegung von Design-Merkmalen $\overline{C}$, die so indirekt die Eigenschaften $\overline{P}$ des Modells festlegen. Dabei ist die Eignung des Absicherungsmodells für die Fragestellung der Absicherungsmaßnahme abhängig von den so darstellbaren Eigenschaften des Absicherungsobjekts. Abbildung 21 stellt dies schematisch dar.

[188] Vgl. Stachowiak (1973), S. 131f.

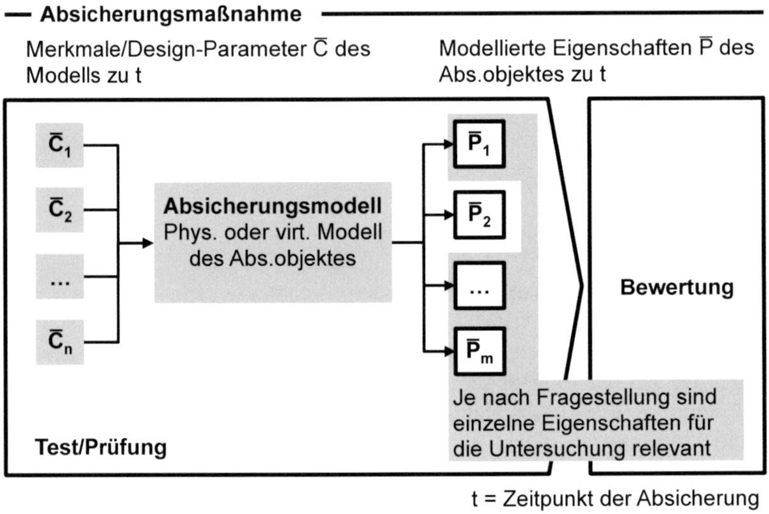

Abbildung 21: Darstellung einer Absicherungsmaßnahme[189]

Oftmals können nicht alle Eigenschaften des Absicherungsobjekts durch das Modell korrekt dargestellt werden. Dies muss bei der Durchführung der Absicherungsmaßnahme (Test/Prüfung) berücksichtigt werden, da dies sonst zu einem verfälschten Bewertungsergebnis führt.
HANSEN argumentiert, dass sobald ein Sachverhalt theoretisch bearbeitet wird, zwangsläufig eine Fehlerursache geschaffen wird, da für die theoretische Betrachtung nie alle Aspekte der Wirklichkeit einbezogen werden können. Für theoretisch betrachtete Fragestellungen werden also Vereinfachungen oder Abstraktionen der Wirklichkeit genutzt. Dies geschieht teilweise bewusst, aber oft auch unbewusst. Der Grad der Vereinfachung oder der Abstraktion muss dabei zweckmäßig gewählt sein, um die notwendige Güte des theoretischen Abbildes zu erreichen, die für die Aufgabe notwendig ist, aber gleichzeitig den Aufwand möglichst zu minimieren.[190] Gleiches gilt auch für die Auswahl und Gestaltung des Absicherungsmodells. In den

[189] Eigene Darstellung in Anlehnung an Weber (2005), S. 5f.

[190] Vgl. Hansen (1965), S. 61.

nachstehenden Kapiteln wird die Differenz zwischen einem Ersatzmodell und dem realen Sachverhalt als *Modellierungsfehler* bezeichnet.

Auch der Absicherungszeitpunkt spielt eine wichtige Rolle bei der Auswahl der geeigneten Maßnahme. In den frühen Phasen des Produktentwicklungsprozesses sind oftmals noch nicht alle Merkmale (Designparameter) des Produkts/Prozesses definiert bzw. es besteht noch eine sehr hohe Änderungswahrscheinlichkeit. Daher werden in diesen Phasen oft Konzepte bewertet, die nicht notwendigerweise einen hohen Detaillierungsgrad besitzen. Diese könnten anhand von Modellen bewertet werden, die nur einige ausgewählte Eigenschaften darstellen. Im Laufe des Entwicklungsprozesses gewinnen sowohl das Absicherungsobjekt als auch die zu prüfenden Eigenschaften an Detaillierungstiefe.

2.2.3 Arten von Absicherungsmaßnahmen

Neben der Detaillierungstiefe des Absicherungsobjekts können Absicherungsmaßnahmen auch über den Kreis der durchführenden Personen unterschieden werden: Für die Bewertung mancher Fragestellungen ist (Erfahrungs-)Wissen[191] aus unterschiedlichen Bereichen des Unternehmens notwendig. Die Bewertung des Absicherungsobjektes wird hier nicht durch einen Einzelnen, sondern durch eine Gruppe von Experten durchgeführt. Die Art, in der das Absicherungsmodell vorliegt – physisch oder virtuell – ist ein weiteres wichtiges Unterscheidungsmerkmal von Absicherungsmaßnahmen und daher sollen im Folgenden einige Methoden aus beiden Bereichen beschrieben werden.[192]

2.2.3.1 Absicherungsmethoden mit physischen Modellen

Im Allgemeinen ist der Aufbau physischer Prototypen für die Absicherung von Produktfunktionen und -eigenschaften, aber auch der Produktionsprozesse eine bekannte und verbreitete Methode und nach wie vor eine wichtige Quelle von Erkenntnissen. Die Übereinstimmung der dabei dargestellten Produkt- und Prozesseigenschaften mit den Eigenschaften in

[191] Eine Untersuchung der Wichtigkeit von Erfahrungswissen in der Produktentwicklung ist u.a. in Turki (2014) zu finden.

[192] Eine zielgerichtete Handlung zur Erreichung eines definierten Ziels wird als *Maßnahme* bezeichnet. Basiert die dafür gewählte Vorgehensweise auf einem Regelsystem nennt man diese auch eine *Methode* (siehe Duden).

den Serienprozessen kann sehr hoch sein. Jedoch ist die Fertigung von Prototypenteilen aus Versuchswerkzeugen in der Regel mit hohen Einmalaufwänden (z.B. Werkzeugkosten) verbunden, die durch die geringen Stückzahlen zu hohen Kosten des einzelnen Bauteils führen. Eine interessante Alternative bieten daher die werkzeuglosen Fertigungsverfahren. Mit ihnen ist es möglich, verschiedene Werkstoffe in kurzer Zeit und ohne den Einsatz eines speziellen Werkzeugs zu fertigen. Die werkzeuglosen Fertigungsverfahren können nach Art der Formgebung des Grundmaterials unterschieden werden:[193] Materialabtrag, Materialauftrag (Rapid Prototyping) und hybride Verfahren.

Besonders das *Rapid Prototyping* ist ein wichtiges Verfahren im Kontext der Absicherung. Es wird auch als generatives Fertigungsverfahren oder als Additive Manufacturing Verfahren (AM-Verfahren) bezeichnet.[194]

Die zwei Hauptprozessschritte der AM-Verfahren, die allen Verfahrenstypen zugrunde liegen, sind das Generieren einer Materialschicht und das Verbinden der erzeugten Schicht mit einer weiteren. So wird das zu fertigende Bauteil schichtweise aufgebaut.[195] Unterschiede der Verfahren liegen unter anderem in der Art der Erzeugung der Materialschichten (z.B. lokales Aufschmelzen von Material durch einen Laser, oder schichtweises Auftragen von aufgeschmolzenem Material) und des Aggregatzustands des Ausgangsmaterials, das in fester Form oder flüssiger Form vorliegen kann. Bei den AM-Verfahren, die feste Materialien verarbeiten, liegt der Werkstoff als Pulver/Granulat, als Laminat bzw. Blech oder in Draht- oder Strangform vor. Sowohl Metalle und Kunststoffe als auch mineralische und Verbundwerkstoffe können mit diesen Verfahren verarbeitet werden.

Ausgangspunkt für jedes durch AM-Verfahren erzeugte Objekt ist eine aus einem dreidimensionalen CAD-Modell abgeleitete dreidimensionale Geometrie des herzustellenden Bauteils. Das am weitesten verbreitete Format von Eingangsinformationen für AM-Maschinen ist das STL-Format. Das Akronym leitet sich aus dem Begriff Stereolithographie her, das als erstes kommerzielle AM-Verfahren in den 1990er Jahren in den Markt eingeführt wurde. Bei der Konversion in STL-Dateien wird die CAD-Geometrie dadurch vereinfacht, dass Meta-Daten (wie z.B. Konstruktionsannotationen u. -historien) entfernt und die Geometrieinformation durch Dreiecksfacetten

[193] Vgl. Zorriassatine (2003), S. 514.

[194] Vgl. Gibson et al. (2010), S. 1.

[195] Vgl. Gebhardt (2013), S. 21.

(angenähert) dargestellt wird. Die Granularität der Dreiecke sollte feiner sein als die Genauigkeit der AM-Maschine, um keine Oberflächeninformationen zu verlieren. In vielen Fällen ist eine Nachbearbeitung der Geometriedaten notwendig, um diese auf die Herstellung vorzubereiten. So kann einer möglichen „Shrinkage" während der Materialverfestigung, die bei manchen Verfahren auftreten kann, durch eine gegenläufige Skalierung der Bauteile entgegengewirkt werden. Auch sind die zu fertigenden Bauteile teilweise zu groß, um sie im Ganzen zu fertigen, wenn die Bauteile die maximale Größe der AM-Maschinen überschreiten. Diese Bauteile müssen dann sinnvoll aufgeteilt werden, so dass sie im Nachgang so gefügt werden können, dass die Zielgeometrie erreicht wird und gleichzeitig die Bauteileigenschaften möglichst wenig beeinträchtigt werden. Je nach Untersuchungsszenario muss hier also besonders auf Fügestellen des Absicherungsmodells geachtet werden.

Nach dem Einrichten der AM-Maschine erfolgt der eigentliche Herstellungsprozess, bei dem das Bauteil schichtweise aufgebaut wird (Build-Prozess). Nach der Art des Build-Prozesses leiten sich die Bezeichnungen der AM-Verfahren ab. Einige gängige Verfahren werden im Folgenden kurz beschrieben.

Lasersintern

Als Lasersinterverfahren wird das schichtweise Sintern von Metall- oder Kunststoffpulvern mithilfe von Lasern bezeichnet. Ist Metall das Basismaterial, spricht man von selektivem Laserschmelzen (SLM), bei Kunststoff von selektivem Lasersintern (SLS).[196]

Stereolithografie (STL oder SLA)

Bei diesem Verfahren liegt der Rohstoff in Form von flüssigem Kunststoff vor, der durch Lichteinwirkung schichtweise aushärtet (Polymerisation). Der bewegliche Objektträger, auf dem das Produkt entstehen soll, ist so in einem Kunststoffbad (Harzbad) positioniert, dass eine dünne Flüssigkeitsschicht den Träger benetzt. Nun wird durch gerichtetes UV-Licht die Geometrie der ersten Schicht ausgehärtet. Im Anschluss senkt sich der Träger weiter ab (wenige Zehntel eines Millimeters) und die generierte Schicht wird mithilfe eines Wischers benetzt und die nächste Schicht wird ausgehärtet.[197]

[196] Vgl. Schmid/Levy (2009), S. 43.

[197] Vgl. Feldhusen et al. (2013), S. 57f.

Fused Layer Modeling (FLM)
Bei den Verfahren der FLM-Gruppe werden Ausgangsmaterialien aufgeschmolzen und als Raupe (z.B. beim Fused Deposition Modeling) oder als Tröpfchen (Multi-Jet-Modeling) auf den Trägerer aufgebracht. Das Material bildet nach dem Aushärten einen Stoffschluss und die Zielgeometrie wird so schichtweise aufgebaut.

Da die Werkstoffe der so erzeugten Bauteile in der Regel nicht den Serienmaterialen entsprechen und andere Eigenschaften aufweisen, sind beim Einsatz der mittels AM gefertigten Bauteile für die Absicherung gewisse Einschränkungen zu beachten. Beispielsweise weichen Verformungs- und Oberflächeneigenschaften oft von den Eigenschaften des Serienprodukts ab, während die Produktgeometrie gut dargestellt werden kann. Mithilfe sinterbarer thermoplastischer Elastomere lassen sich auch flexible Bauteile erstellen, die durch Einstellung der Prozessparameter gezielt unterschiedliche Shore-Härten erreichen können. So ließen sich z.B. Gummi-Tüllen und Dichtungen im Fahrzeug bezüglich ihres Verformungsverhaltens (Abknicken, Ausknüpfen, Formstabilität etc.) nachbilden. Allerdings gibt es andere Eigenschaften, die auch diese Ersatzmaterialien vom Serienmaterial unterscheiden. So ist z.B. beim Einsatz des flexiblen Polyesters die Wasserdichtheit nicht mit der der Serienmaterialien vergleichbar. In gewissen Grenzen kann diese Abweichung mit speziellen Beschichtungen korrigiert werden.[198]
Neben dem direkten Einsatz durch RP/AM Verfahren erzeugter Bauteile ist auch das sog. Rapid Tooling von Bedeutung für die Absicherung. Es bezeichnet die Herstellung von Werkzeugen, die andernfalls mit konventionellen Verfahren (z.B. Spanen) Zeit- und Kosten-intensiv gefertigt werden müssten. Die durch Rapid-Tooling hergestellten Werkzeuge sind in der Regel nicht sehr stabil und es lässt sich daher mit ihnen nur eine geringe Ausbringungsmenge erzeugen und/oder es kann nur in einem größeren Toleranzbereich gefertigt werden. Trotzdem überwiegen in vielen Fällen die Zeit- und Kosten-Vorteile.

2.2.3.2 Absicherungsmaßnahmen mit virtuellen Modellen

Zu den Absicherungsmaßnahmen mit virtuellen Modellen werden alle Methoden gezählt, deren Absicherungsobjekt während der Bewertung nicht

[198] Vgl. Schmid/Levy (2009), S. 54.

durch ein Modell in physischer Form repräsentiert ist.[199] Auch ganz konventionelle Berechnungen mit Papier und Bleistift sind in diesem Sinne „virtuelle Methoden“.
Durch die Verfügbarkeit und Weiterentwicklung von Computer-basierten Methoden zur Darstellung, Test und Analyse von Objekten (Teilstücke oder einzelne Bauteile bis hin zu kompletten Produkten) sind diese für die Produktentwicklung sehr wichtig geworden. Sie werden in der Fachliteratur auch unter dem Begriff Virtual Prototyping zusammengefasst.[200] Zu diesen Methoden zählen sowohl die Bewertung der CAD[201]-Daten des Produkts als auch die Bewertung von immersiven Visualisierungen. In Tabelle 2 sind einige Beispiele verschiedener Typen von Absicherungsmethoden dargestellt.

[199] Vgl. Hesse/Weber (2012).

[200] Vgl. Zorriassatine et al. (2003), S. 513f.

[201] Computer-aided Design (CAD).

Absicherungs-methode	***Bewerter***	***Absicherungsziele und Nebenziele***
Bewertung des CAD-Modells	Einzelperson	Sicherstellung d. Tauglichkeit des Konzeptes; Prüfung der Geometrie (in der Regel in Einbaulage)
Engineering Design Review	Gruppe	Konzeptüberprüfung, Projektsynchronisation, Abstimmungsthemen
Montage-simulation	Einzelperson	u.a. Bewertung von Ergonomie, Reihenfolge, Austaktung, Zugänglichkeit, Einbaupfaden
Toleranzanalyse	Einzelperson	Berechnung von Toleranzketten
FEM-Simulation	Einzelperson	Berechnung von Kräften, Verformungen, Spannungen

Tabelle 2: Beispiele für Absicherungsmethoden mit virtuellen Absicherungsmodellen[202]

Die Bewertung des CAD-Modells ist im Wesentlichen eine Überprüfung der Soll-Geometrie des Produkts (in Einbaulage). Mithilfe von dreidimensionalen Visualisierungen können geometrische Unstimmigkeiten erkannt werden wie beispielsweise Kollisionen von Bauteilen oder auch unstimmige Relativpositionen von Bauteilen (z.B. falsche Positionierungen). Sind weitere Parameter (wie beispielsweise Materialdaten) verfügbar, so kann der Bewertende u.U. aufgrund seiner Erfahrung auch weitere Aussagen, z.B. über das Verformungsverhalten bei Krafteinwirkung oder das Verhalten bei dynamischer Anregung treffen. Das Erkennen von Bauteilkollisionen im virtuellen Produktmodell lässt sich mithilfe von geeigneten CAD-Systemen auch automatisch durchführen.[203] Eine Überschneidung von zwei oder mehreren Bauteilen in Einbaulage lässt sich so ohne weitere Erfahrung des Bewertenden (als die Handhabung des CAD-Systems) detektieren. Dagegen ist für die Prüfung der korrekten relativen Positionierung der Bauteile zueinander die Kenntnis der funktionalen und geometrischen

[202] Vgl. Hesse et al. (2011).

[203] Z.B. Catia V5 von Dassault Systèmes.

Wirkzusammenhänge der Baugruppe notwendig. Bewertungen des Montagekonzepts einer Baugruppe erfordern zudem zusätzliche Informationen über mögliche Montageprozesse und verfügbare Werkzeuge.
Das *Engineering Design Review* ist eine Methode, bei der die Bewertung durch eine Gruppe von Experten aus verschiedenen Bereichen gemeinsam durchgeführt wird.[204] Dies fördert und beschleunigt die Kommunikation zwischen den verschiedenen Anspruchsgruppen und Schnittstellenpartnern beispielsweise aus der Entwicklung, dem Management, der Fertigung oder von Lieferanten – auch über organisatorische Grenzen hinweg – und erlaubt gleichzeitig eine umfassende Sicht auf das Absicherungsobjekt. So ist eine Beurteilung mehrerer verschiedener Eigenschaften möglich und es bietet sich auch die Möglichkeit des Austauschs und des Informationsabgleichs zwischen den Beteiligten.[205]

2.2.3.2.1 Darstellung der Produktgeometrie mithilfe von Computer Aided Design (CAD)

Es gibt eine Vielzahl von Programmen für die rechnergestützte Darstellung und Bearbeitung von Geometriemodellen (CAD), doch der Markt für diese Produkte wird derzeit von einigen wenigen Unternehmen dominiert. Die 3D-CAD-Funktionalitäten der angebotenen Programme sind dabei sehr ähnlich, Unterscheidungsmerkmale sind eher in den ergänzend angebotenen Product Lifecycle Management- und Business Process-Unterstützungen zu finden.[206]
Neben den Funktionalitäten für das Konstruieren von Bauteilen und Baugruppen bieten die Software-Pakete in der Regel auch Werkzeuge für die Absicherung, wie unter anderem Kollisionsanalysen und einfache Animationen.
Diese Werkzeuge helfen dem Konstrukteur, Änderungen unkompliziert und innerhalb des Konstruktionsprozesses zu überprüfen. Iterationsschleifen werden dadurch vermieden oder verkürzt und auch die Notwendigkeit von physischen Prototypen wird gesenkt und so eine Verkürzung der Gesamtentwicklungsdauer ermöglicht.[207]
Tabelle 3 zeigt eine Übersicht über verbreitete 3D-CAD-Systeme.

[204] Siehe u.a. Huet et al. (2007).

[205] Vgl. Huet et al. (2007), S. 244.

[206] Vgl. Tornincasa/Di Monaco (2010), S. 9.

[207] Vgl. Tornincasa/Di Monaco (2010), S. 9.

Unternehmen	*Produkt*
Autodesk	Inventor 2015
Dassault Systèmes	Catia V6
	SolidWorks
PTC	Pro/ENGINEER Wildfire
Siemens	NX
	Solid Edge

Tabelle 3: CAD-Systeme[208]

Eine Ergänzung der Bewertung des CAD-Modells bieten Simulationen von Material- bzw. Bauteileigenschaften und des Prozesses. Hierzu zählen unter anderem Montagesimulationen, Einbaupfadberechnungen und FEM-Simulationen (Finite Elemente Methode).

2.2.3.2.2 Simulation von Eigenschaften und Zuständen

Eine Simulation ist eine möglichst realitätsnahe Darstellung von Vorgängen der Wirklichkeit, die für eine bestimmte Fragestellung abstrahiert und als Modell dargestellt werden. Die durch Experimente an dem Modell erzeugten Ergebnisse werden dann wieder auf das reale Problem übertragen. Simulationen werden für Fragestellungen eingesetzt, in denen das reale Objekt nicht für die erforderlichen Experimente zur Verfügung steht (z.B. aufgrund von Kosten, Zeit oder Verfügbarkeit)[209] oder in denen ein Test am realen Objekt zu gefährlich wäre.

Für die Simulation im Kontext der Absicherung gibt es Anwendungsfälle im Bereich der Produkt- und Prozesseigenschaften, aber auch für Fragestellungen, die die (Ablauf-) Organisation betreffen.

Viele Produkteigenschaften können mithilfe der Finite-Elemente-Methode (FEM) numerisch berechnet werden. Einige Beispiele dafür sind Statik (Verformungen, Spannungen etc.), Dynamik (Eigenfrequenzen, Drücke etc.) und komplexe Eigenschaften wie das Crash-Verhalten.[210]

---

[208] In Anlehnung an Tornincasa/Di Monaco (2010), S. 9.

[209] Vgl. Springer Gabler Wirtschaftslexikon, o. S.

[210] Vgl. Brand (2013), S. 1.

Für die Absicherung der Produktionsprozesse sind beispielsweise Simulationen der Körperhaltung und Belastung des Montagemitarbeiters interessant, um die Ergonomie-Aspekte des Montagekonzepts zu bewerten. Verschiedene Software-Anbieter bieten dafür geeignete Programme (wie z.B. Delmia Human von Dassault Systèmes). Neben den Simulationen von physischen Vorgängen können auch Organisationssimulationen die Gestaltung des Produktionssystems vereinfachen. Interessant sind diese unter anderem für die Logistik und die Maschinenbelegungsplanung (z.B. Simulationen des Materialflusses und der Maschinenauslastung).
Auch für die Darstellungen von Toleranzauswirkungen gibt es entsprechende Software-Lösungen. Bauteile in der industriellen Serienfertigung sind mit geometrischen Abweichungen behaftet und werden daher, je nach Bedarf, mit entsprechenden Toleranzanforderungen spezifiziert und die Abweichungen so auf ein erlaubtes Maß eingegrenzt. Dies ist ein wichtiger Schritt in der Konstruktion, da ungünstige Toleranzsituationen zwischen den Anlageflächen von Bauteilen zu einem unbefriedigenden Gesamtergebnis führen können.[211]
Obwohl schon sehr viele Fahrzeugeigenschaften virtuell dargestellt werden können, ist der Aufbau von Simulationen sehr komplexer Systemzustände noch sehr schwierig und/oder nur näherungsweise möglich. Daher werden diese oft in letzter Instanz anhand physischer Modellen bewertet und Simulationen im Vorfeld für die Konzeptauslegung verwendet.[212]

2.2.4 Absicherung der Montage für die Serienfertigung

So wie die Grenzen des Produktionssystems die Gestaltung des Produkts beschränken, so beeinflusst auch die Produktgestaltung den Fertigungsprozess. Die Ausgestaltung und Effizienz der Fertigung ist wiederum maßgeblich für die Rendite des Produkts. Daher müssen neben den Anforderungen der Kunden auch die der Fertigung während der Produktentwicklung berücksichtigt (siehe dafür auch unter anderem die Ansätze des Design for Manufacturing[213], Design for Assembly[214]) und abgesichert werden.

[211] Vgl. Schleich/Wartzack (2013), S. 473.

[212] Vgl. Weber, J. (2009), S. 34.

[213] Siehe u.a. Stoll (1986), (1988).

[214] Siehe u.a. Andreasen (1983).

Ziel einer Montageabsicherungsmaßnahme ist die Bestätigung der Tauglichkeit einer Konstruktion für die geplanten Montageprozesse bzw. der Identifikation von Problemen hinsichtlich einer effizienten Montage. Ein Problem kann dabei als Abweichung zwischen dem Ist- und einem Sollzustand verstanden werden.[215] In anderen Veröffentlichungen wird auch der Begriff des *Fehlers* verwendet. Und so wird ein Fehler im (technischen Sinn) beispielsweise als „eine Abweichung der Wirklichkeit von einem Wunsch"[216] definiert, die unabhängig von deren Ursache ist. Im Folgenden wird der Unterschied eines Ist- zu einem Soll-Zustand, aus dem eine mangelnde Erfüllung vorhandener Anforderungen resultiert, als *Soll-Ist-Abweichung* oder *Problem* bezeichnet.

Im Rahmen dieser Arbeit sollen vor allem Abweichungen bzw. Probleme im Kontext der automobilen Serienfertigung betrachtet werden, die als Folge einer Unstimmigkeit zwischen Produkt und Produktionssystem entstehen und die den Soll-Zustand – also die störungsfreie Fertigung eines fehlerlosen Produkts – verhindern oder erschweren.

Mit dem Fokus einer störungsfreien Fertigung des Produkts sind bestimmte Anforderungen an dieses besonders wichtig. Sie lassen sich zwei Ebenen zuordnen:

Das Produkt und das Produktionssystem müssen so aufeinander abgestimmt sein, dass das Produkt

1) überhaupt gefertigt werden kann (Realisierbarkeit) und
2) derart gestaltet und in die Prozesse integriert ist, dass die Qualitätsziele unter Berücksichtigung der Aufwandsziele erreicht werden können (Effizienz).

Die erste Ebene umfasst Anforderungen, die zwingendermaßen erfüllt werden müssen, damit das Produkt hergestellt werden kann. Dies sind natürlich unter anderem die physikalischen Gesetze, aber auch z.B. Umweltschutzregelungen fallen in diese Kategorie. Die zweite Anforderungsart beinhaltet die durch das Unternehmen festgelegten Zielwerte für Aufwand und Qualität in der Fertigung.

[215] Vgl. Haberfellner et al. (1999), S. 24. Neben der Abweichung zwischen Ist- und Soll-Zustand wird auch das Vorhandensein einer Barriere zur Erreichung des Soll-Zustands als ein Merkmal eines Problems genannt (Dörner (1979), S. 10). Diese Barriere bestimmt den Schwierigkeitsgrad der Problemlösung.

[216] Vgl. Hansen (1966), S. 61.

Ein Teilbereich der Fertigung ist die manuelle Montage. Für die Absicherung der Montage eines Produkts müssen zahlreiche Szenarien und Aspekte des Produkts und der Montageprozesse untersucht werden, wofür verschiedenen Methoden gewählt werden können. Je nach Fragestellung bzw. zu bewertender Eigenschaft sind unterschiedliche Umfänge bzw. *Absicherungsobjekte* (z.B. das gesamte Produkt, einzelne Baugruppen (Module) oder Bauteile oder der Prozess) Gegenstand der Untersuchung. Für die Durchführung der Absicherungsmaßnahme wird das Absicherungsobjekt durch ein Modell dargestellt, das bestimmte Produkt-/Prozesseigenschaften abbildet. Dieses Modell kann physisch, aber auch virtuell (oder in einer Kombination) vorliegen. Beispielsweise kann die Zugänglichkeit von Montagepositionen durch den Produktionsmitarbeiter anhand eines Versuchs mit Prototypenteilen oder durch eine Montagesimulation erfolgen. Abbildung 22 stellt den Zusammenhang zwischen dem Modell des Absicherungsobjektes und den durch dieses dargestellten Eigenschaften dar.

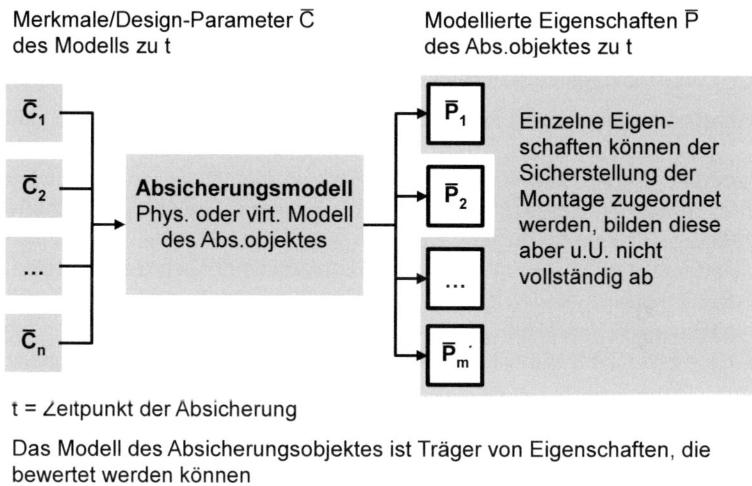

Abbildung 22: Modell des Absicherungsobjekts

Ein Beispiel für eine Fragestellung für die Absicherung der Montage ist die Überprüfung der *Zugänglichkeit von Bauteilpositionen* während der Montage des Produkts: Mangelnde Zugänglichkeit oder zu geringe Greifräume können die Montage eines Bauteils erschweren oder verhindern. Im ersten Ansatz müssen daher die Bauteile in Konstruktionslage mit ihrem Umfeld und der Einbaupfad betrachtet werden. Dies kann mithilfe von Prototypenteilen oder durch Untersuchung des virtuellen Produktmodells geschehen. Erweiterte Betrachtungen sollten auch die Einzelteil-Toleranzen und Toleranzketten berücksichtigen. Hier verkompliziert sich die Darstellung an einem physischen Modell, da die Anzahl von möglichen Toleranzsituationen in der Regel sehr hoch ist.

Ein weiteres Beispiel ist die Untersuchung der Montagereihenfolge. Dabei werden sowohl das Produkt als auch der Montageprozess als Absicherungsobjekt betrachtet. Der Montage-Bauraum und der Freiraum für den Einsatz von Werkzeugen in einem Montageschritt sind in der Regel abhängig von der Montagereihenfolge.

Es sind also abhängig von der jeweiligen Fragestellung für die einzelnen Absicherungsmaßnahmen Modelle zu wählen, die die abzusichernden Eigenschaften möglichst gut darstellen.

2.2.5 Voraussetzungen und begleitende Prozesse der Absicherung

Die Ergebnisqualität von Absicherungsmaßnahmen hängt direkt von der Güte des Absicherungsmodells ab. So können nicht oder nur in Näherung dargestellte Eigenschaften und Funktionen in der Regel nicht bewertet werden oder die Aussage ist mit einer gewissen Unsicherheit behaftet. Abbildung 23 zeigt schematisch die möglichen Abweichungen zwischen dem Absicherungsmodell, den verfügbaren Produktdarstellungen (z.B. das CAD-Geometriemodell) und der Zielvorstellung des Produkts, bzw. des tatsächlichen Produkts zu Produktionsstart auf. Sind die Absicherungsmaßnahmen nur auf bestimmte Fragestellungen ausgelegt, werden nicht alle Aspekte von deren Ergebnissen abgedeckt.

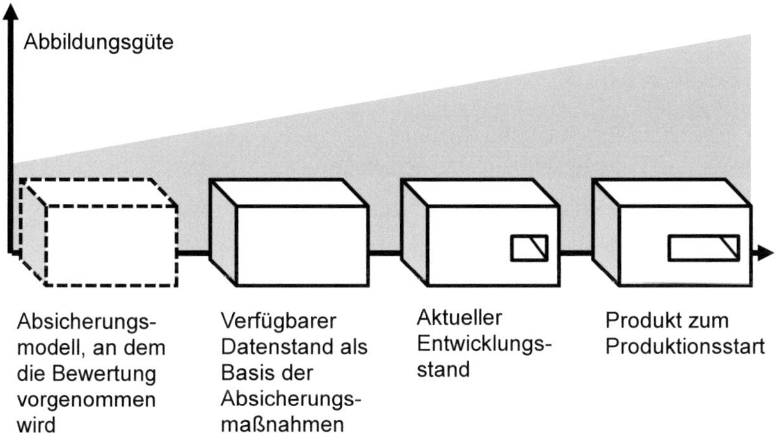

Abbildung 23: Zunehmende Darstellungsgüte der Produktrepräsentationen vom Absicherungsmodell bis zum realen Produkt bei Produktionsstart

Bevor die Entwicklung abgeschlossen ist unterliegt das Produkt Änderungen und Reifehüben und so unterscheidet sich der aktuelle Entwicklungsstand von dem späteren Produkt und umfasst unsichere und unvollständige Informationen. Auch kann die Komplexität der Entwicklungsaufgabe dazu führen, dass die Verfügbarkeit von Informationen eingeschränkt ist, wie bspw. durch die Bearbeitungsdauer von Abstimmungssaufgaben. Der Informationsgehalt und damit auch die mögliche Abbildungsgüte sinken weiter, da das Absicherungsmodell in der Regel nur bestimmte Eigenschaften des Produkts darstellt.[217] Je besser das Absicherungsmodell die Eigenschaften des Absicherungsobjekts abbildet, desto genauer können die Ergebnisse der Absicherungsmaßnahme werden.

2.2.5.1.1 Vorleistungen

Die Absicherungs- bzw. Bewertungsmaßnahme kann auch dann zu ungenauen oder sogar fehlerhaften Aussagen über den zu bewertenden

[217] Ein Modell ist in der Regel eine Vereinfachung des realen Sachverhalts. Die aus dieser Vereinfachung resultierende Differenz zwischen dem Modell und der Realität wird hier auch als Modellierungsfehler bezeichnet.

Konstruktionsstand führen, wenn zur Interpretation der Ergebnisse zusätzliche Informationen notwendig sind und diese nicht zur Verfügung stehen. Somit sind also neben der Güte des Absicherungsmodells und der Absicherungsmethode auch die Verfügbarkeit und Qualität der Eingangsgrößen (Vorleistungen) und relevanter, zusätzlicher Informationen Voraussetzung für eine hohe Ergebnisqualität der Absicherungsmaßnahme. Notwendige Eingangsgrößen sind beispielsweise:

- die Geometriedaten und Repräsentationen der Produktgestalt,
- Anforderungen an Produktfunktionen und -eigenschaften,
- Anforderungen, die aus dem bestehenden Produktionssystem resultieren, wie bspw. die Anpassung der Fertigungsschritte auf vorhandene Anlagen,
- Anforderungen aus der Montage (z.B. Ergonomie-Anforderungen) und
- Qualitätsziele.

Der Zeitpunkt der Absicherungsmaßnahme muss so im Projektplan des Produktentwicklungsprojekts gewählt sein, dass die notwendigen Vorleistungen erbracht werden können. So sollten neben dem eigentlichen Entwicklungsergebnis (Ist-Stand der Entwicklung) auch die Anforderungen an das Produkt (Soll-Stand) für die Absicherung zur Verfügung stehen, um mögliche Zielverfehlungen ermitteln zu können. Nicht erbrachte oder mangelhafte Vorleistungen wie z.B. obsolete Konstruktionsdaten oder unvollständige Anforderungslisten können genauso zu ungenauen oder fehlerhaften Bewertungsergebnissen führen wie ungeeignete Absicherungsmodelle. In der Praxis lassen sich bei komplexen Projekten die Ergebnisse einzelner Teilschritte nur unter Unsicherheit planen, die sich damit unter Umständen auf die nachgelagerten Prozessschritte überträgt. Ein Ziel des Projektmanagements ist es daher, diese Unsicherheiten im Vorfeld zu identifizieren und im Rahmen des Risikomanagements eventuelle Folgen abzuschätzen und mit entsprechenden Maßnahmen zu belegen.[218] Für den Absicherungsprozess bedeutet dies, dass die Absicherungsmethoden möglichst robust gegenüber unsicheren Vorleistungen sein sollten.

[218] Vgl. Oehmen (2012), S. 214.

2.2.5.1.2 Qualifikation und Erfahrung

Ein weiterer wichtiger Einflussfaktor auf das Ergebnis der Absicherungsmaßnahme ist der durchführende Bewerter. Absicherungs- und Bewertungsmaßnahmen stellen oftmals hohe Anforderungen an die Qualifikation der Bewertenden, da hier in der Regel mit unsicheren oder unvollständigen Informationen gearbeitet wird und dies Abstraktionen und sorgfältige Interpretationen der Ergebnisse notwendig macht. Fehlende Informationen müssen durch Erfahrung und Wissen ergänzt werden, um Fehlinterpretationen und -bewertungen der Modelle zu vermeiden. Unterschiedliche Erfahrungs- und Ausbildungsstände der Bewerter können dazu führen, dass Bewertungen verschiedener Personen voneinander abweichen. Die Wahrscheinlichkeit einer Abweichung ist höher, je unsicherer die Eingangsinformationen und auch je niedriger die Güte des Absicherungsmodells ist.

2.2.5.1.3 Dokumentation

Die Ergebnisse der Absicherungsmaßnahmen führen entweder zu Konstruktions- oder Produktionssystemänderungen, einer Anpassung der Anforderungen oder dienen als Bestätigung der konstruierten Eigenschaften und Funktionen. Die Absicherungsergebnisse werden dokumentiert, um die Zugänglichkeit der Informationen für die Weiterverarbeitung der Ergebnisse zu ermöglichen. Dabei sind verschiedene Arten der Dokumentation denkbar. Ab einer gewissen Anzahl von Prozesspartnern und Bewertungsumfängen sind Datenbank-gestützte IT-Systeme lohnenswert.[219] Diese ermöglichen nicht nur die Speicherung der dokumentierten Ergebnisse, sondern auch deren Weiterverarbeitung und stellen die Verfügbarkeit der Informationen für die relevanten Prozesspartner sicher. Erweiterungen des Systems können auch eine Unterstützung des Problemlösungsprozesses bieten (Trouble-Ticket-Systeme).

2.2.6 Bewertungsprozesse und -systematiken

Um eine Entscheidung über einen Konstruktionsstand zu treffen, ob und welche Änderungen notwendig sind, ist zunächst eine Bewertung notwendig. Und so ist für Absicherungsmaßnahmen neben der Erstellung des Modells des Absicherungsobjekts dessen Bewertung und damit die Aussage über den Absicherungsumfang ein wesentlicher Bestandteil. *Bewerten* heißt,

[219] Siehe u. a. Müller (2008).

zugängliche Informationen zu einem Sachverhalt mit der persönlichen Wertehaltung zu einem Urteil über einen Sachverhalt zu verknüpfen.[220]
Im Allgemeinen kann man Bewertungsverfahren in subjektive und objektive Verfahren einteilen. Bei der subjektiven Bewertung ist die Wertehaltung (also die Bewertungskriterien) abhängig von der Person des Bewertenden, bei objektiven Verfahren liegen bestimmte (vorgegebene) objektiv bestimmbare Kriterien zugrunde.[221]
Als Ergebnis einer Bewertung sind verschiedene Möglichkeiten denkbar. Wird die Bewertung als Soll-Ist-Vergleich in definierten, direkt messbaren Eigenschaften durchgeführt, können die Bewertungsergebnisse in Bezug auf einen vorgegebenen Sollwert dargestellt werden. Mögliche Ergebnisse können dann folgendermaßen aussehen:

- Binär: Eine Eigenschaft ist vorhanden / nicht vorhanden
- (Schwellen-)Wert: Ein bestimmter Wert wird erreicht / nicht erreicht
- Gültiger Wertebereich: Der Wert liegt innerhalb / außerhalb des Zielbereiches

Manche Bewertungssituationen sind jedoch sehr komplex und die Eingangsinformationen für die Bildung des Urteils liegen nur in Form von Indikatoren der zu bewertenden Eigenschaften vor oder können unterschiedlich interpretiert werden. Ein Beispiel dafür kann die Bewertung der Qualität eines Montagekonzepts sein. Neben den objektiv bewertbaren Eigenschaften, wie der Werkzeugzugänglichkeit von Schraubpunkten, sind auch schwer einschätzbare Eigenschaften, wie z.B. die Wahrnehmbarkeit der Rückmeldung an den Montagemitarbeiter, dass das Bauteil korrekt befestigt wurde (z.B. das Geräusch beim Verrasten von Rastnasen) zu bewerten.
Aber nicht nur die Bewertung tatsächlicher Situationen ist hier wichtig, sondern auch die Einschätzung von Risiken. Diese soll daher im folgenden Abschnitt diskutiert werden.

2.2.6.1 Risikobewertungen

Der Entwicklungsprozess ist in vielen Teilschritten nicht vorhersagbar, da dieser sehr komplex ist und von zahlreichen äußeren Umständen, wie beispielsweise Änderungen des Marktes, der Gesetzgebung oder Ressourcenpreisen und nicht zu Letzt den beteiligten Menschen abhängt.

[220] Vgl. Giegrich (1995), S. 256.

[221] Vgl. Hubka/Eder (1988), S. 161.

Daher sind bei Planung und Bewertung des Projekts in vielen Fällen auch alternative Szenarien mit deren Eintrittswahrscheinlichkeiten abzuschätzen. Im Folgenden soll daher der Begriff *Risiko* in Bezug auf den Entwicklungsprozess beschrieben werden.
Im Allgemeinen wird der Begriff *Risiko* nach KAPLAN/GARRICK im Sprachgebrauch zum Einen für ein negatives Ereignis verwendet, dessen Eintritt möglich aber nicht sicher ist, zum Anderen steht der Begriff auch allein für die Eintrittswahrscheinlichkeit eines solchen Ereignisses.[222]
Ein Ereignis tritt entweder mit Sicherheit oder einer gewissen Wahrscheinlichkeit ein. Im Produktentwicklungsprozess ergeben sich vor allem in den frühen Phasen durch die teilweise unvollständigen Informationen und die Vielzahl äußerer Einflussgrößen mögliche Zustände und Ereignisse, deren Eintrittswahrscheinlichkeit im Vorfeld bestenfalls abgeschätzt werden kann. Für die Bewertung von Handlungsalternativen und möglichen Zuständen muss dabei neben der Eintrittswahrscheinlichkeit auch die Auswirkung der Alternative bzw. des Zustands abgeschätzt werden, um Risiken klar auszuweisen. Um diesen Prozess zu unterstützen, wurden verschiedene Methoden entwickelt, die unter anderem bei der Risikobewertung bezogen auf Fehlfunktionen technischer Systeme zum Einsatz kommen (z.B. FMEA, Fehlerbaum-Analyse). Während der Produktentwicklung werden neben den technischen auch andere Risiken bewertet. So sind beispielsweise wirtschaftliche Risiken durch die Unternehmensfinanzierung und Marktrisiken durch die Unternehmensstrategie/Marketing-Abteilung zu berücksichtigen. In dieser Arbeit stehen jedoch vor allem die Risiken von Fehlfunktionen und mangelnder Serientauglichkeit des Produkts im Fokus.

2.2.6.2 Eigenschafts- und Funktionsbewertung

Ziel der Produktentwicklung ist die Konstruktion eines Produkts, das die im Vorfeld festgelegten Eigenschaften und Funktionen erfüllt. Daher ist die Sammlung und Festlegung von Anforderungen am Anfang des Entwicklungsprozesses sehr wichtig, kann jedoch je nach Komplexität des Produkts sowie der Art und Anzahl der Anforderungen sehr schwierig sein. Auch die Messbarkeit der Zieleigenschaften und -funktionen beeinflusst den Schwierigkeitsgrad der Anforderungsgestaltung. Manche Eigenschaften lassen sich nur subjektiv bewerten (z.B. das Design) und es ist daher schwierig, Anforderungen daran zu formulieren. Außerdem besteht in vielen

[222] Vgl. Kaplan/Garrick (1981), S. 11.

Fällen das Problem, dass sich eine, z.B. aus einem Kundenwunsch entstandene (implizite) Anforderung nicht auf eine konkrete Bauteileigenschaft oder -funktion abbilden lässt, sondern erst im Gesamtsystem bewertbar ist.

Im Kontext der Absicherung bzw. der Bewertung von Konstruktionsständen gilt es also, diese Problematik zu lösen indem geeignete Bewertungsverfahren für die jeweilige Art der zu bewertenden Informationen ausgewählt werden. Die Auswahl des Bewertungsverfahrens und auch die Form der Abbildung von Bewertungen bestimmen sich u.a. durch die **Skalierung** der vorliegenden Daten. Es wird zwischen nominalen, ordinalen und Kardinalskalen unterschieden. *Nominale Werte* sind unterschiedliche Ausprägungen eines Merkmals, die sich aber nicht in eine bestimmte Reihenfolge ordnen lassen. Ein Beispiel wäre das Merkmal „Farbe“ mit den Ausprägungen „rot“, “blau“ und “grün“. In Auswertungen wird hier die Häufigkeit betrachtet, mit der ein Merkmal eine bestimmte Ausprägung annimmt.

Die Ausprägungen eines *ordinal-skalierten Merkmals* können im Gegensatz dazu einer bestimmten Rangfolge nach geordnet werden, wobei aber keine Aussagen über den Abstand zwischen den Rängen getroffen werden können (wie zum Beispiel das Merkmal Zufriedenheit mit den Ausprägungen „nicht zufrieden“, „zufrieden“ und „sehr zufrieden“). Ordinale Werte enthalten also mehr Information als nominale.

Quantitative Merkmale werden anhand Kardinalskalen bemessen, die als Intervall-, Verhältnis- oder Absolutskalen ausgeführt sein können und auch als metrische Skalen bezeichnet werden. Intervall- und Verhältnisskalen sind jeweils in gleichmäßige Abschnitte unterteilt und es können in beiden Fällen Differenzen zwischen einzelnen Werten beschrieben werden. Im Unterschied zur Verhältnisskala besitzt die Intervallskala jedoch keinen natürlichen Nullpunkt. So kann bei einer Verhältnisskala (z.B. Kantenlänge in Millimeter) die Aussage getroffen werden, dass ein Wert das x-fache eines anderen ist. Bei einer Intervallskala hingegen, bei der der Nullpunkt frei gewählt ist (wie z.B. der Außentemperatur in Grad Celsius), ist dies nicht möglich. Von absolut-skalierten Daten spricht man, wenn verhältnisskalierte Daten neben einem natürlichen Nullpunkt auch eine natürliche Maßeinheit haben (z.B. Ausbringungsmengen in der Produktion).

Die Bewertung von verschiedenen Alternativen dient der Vorbereitung von Entscheidungen. Im Produktentwicklungsprozess sind dies vor allem Entscheidungen, ob oder welche Änderungen an einem bestehenden Konstruktionsstand noch notwendig sind, um die vorliegenden

Anforderungen zu erfüllen, oder Entscheidungen über die Auswahl von Konzeptalternativen.

2.2.7 Entscheidungsprozesse

Die Neu- und Weiterentwicklung technischer Produkte ist in der Regel ein komplexer und interdisziplinärer Prozess, der den Entwickler oft vor die Entscheidung zwischen mehreren Handlungsalternativen stellt. Die Entscheidungssituationen unterscheiden sich kontext- und zielabhängig und sind in der Regel multi-kriteriell, so dass die Gewichtung der konfliktären Auswahlkriterien eine wichtige Rolle spielt. Beispielsweise verbessern zusätzliche Schallisolierungen um die Fahrgastzelle die Innenraumakustik im PKW, erhöhen aber den Material- und Montage-Aufwand.[223]
In den Lösungsfindungsphasen des PEP wird zunächst nach Möglichkeit eine größere Anzahl von alternativen Lösungskonzepten erzeugt, aus denen im weiteren Verlauf der Produktentwicklung (mithilfe von Bewertungsverfahren) das geeignetste identifiziert und ausgewählt werden muss.[224]

Abbildung 24 zeigt eine Möglichkeit, den Entscheidungsprozess schematisch dazustellen. Der eigentlichen Entscheidung liegt das Ergebnis eines Bewertungsprozesses zugrunde, bei dem die bestehenden Handlungsalternativen und deren Auswirkungen anhand der vorliegenden Informationen nach einem bestimmten Kriterien-Set bewertet werden. Diese Kriterien bilden sich aus den Zielvorstellungen oder -vorgaben des Entscheiders. Gibt es mehrere Kriterien für die Bewertung der Handlungsalternativen müssen diese gegeneinander priorisiert bzw. gewichtet werden. Auf Basis der Bewertung wird dann eine Auswahl getroffen und der Entscheidungsprozess abgeschlossen.

[223] Ähnliche Beispiele für Zielkonflikte in der Automobilentwicklung sind in Weber, J. (2009), S. 30 zu finden.

[224] Vgl. Feldhusen et al. (2013b), S. 380f.

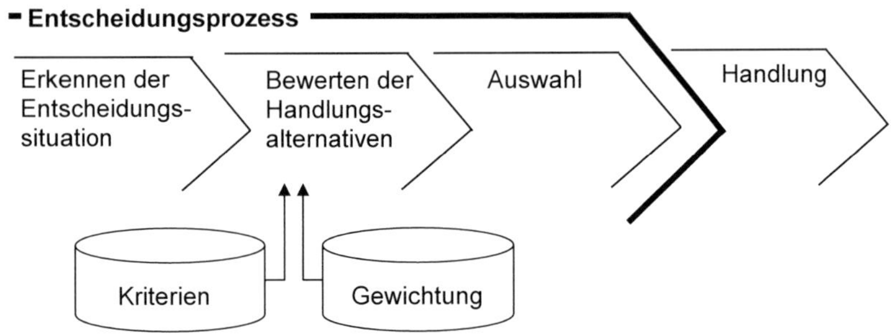

Abbildung 24: Entscheidungsprozess

Das skizzierte Entscheidungsmodell und dessen Einflussgrößen liegen dem Entscheider dabei bewusst oder unbewusst vor. Neben objektiven Faktoren haben auch individuelle subjektive Faktoren Einfluss auf das Entscheidungsmodell. Diese sind:[225]

- die (individuelle) Zielfunktion/Zielbewertung,
- die Alternativen, die dem Entscheider zur Verfügung stehen, also
  - die Alternativen, die durch das Individuum erreichbar sind und
  - die Alternativen, die durch den Entscheider bedacht in das Entscheidungsmodell einbezogen werden (die verfügbaren Informationen und die Kreativität des Entscheiders spielen dabei eine wichtige Rolle),
- die Erwartungsstruktur über die möglichen Zustände, und
- die „Unschärfe" bzgl. der Abbildung der realen Situation durch das Entscheidungsmodell.

Entscheidungssituationen können unter anderem durch die Anzahl der an einer Entscheidung beteiligten Personen unterschieden werden. Es können Gruppen- bzw. Kollektiventscheidungen oder Entscheidungen von Einzelpersonen vorliegen.[226]

[225] In Anlehnung an Laux (2007), S. 60.

[226] Vgl. Eisenführ/Weber (2010), S. 363f.

Bei Kollektiventscheidungen[227] können natürlich auch Interessenskonflikte entstehen, die aus verschiedenen Gründen wie z.B. unterschiedlichen Ausgansinformationen, Abteilungszielen und subjektiven Einschätzungen entstehen können.

Weitere Unterscheidungsmerkmale von Entscheidungssituationen sind die Abhängigkeit der Entscheidungssituation von anderen Entscheidungen[228] und die Art der Eingangsinformationen.[229] Dabei spielt vor allem die Sicherheit der Eingangsinformation, also die Wahrscheinlichkeit, mit der die Folgen der Entscheidungsalternativen eintreten eine wichtige Rolle. Ein Szenario kann mit Sicherheit eintreten oder nur unter Unsicherheit prognostiziert werden. Bei Entscheidungen mit sicheren Informationen können deterministische Entscheidungsmethoden verwendet werden, liegen Unsicherheiten vor, sollten stochastische Methoden eingesetzt werden. Wenn bei stochastischen Entscheidungsaufgaben die Eintrittswahrscheinlichkeiten der Alternativszenarien bekannt sind, spricht man von Risiko, ansonsten von Ungewissheit.[230]

[227] Siehe u.a. von Nitzsch (2002), Grünig/Kühn (2013), S. 225ff.

[228] Bestehen bei den zu treffenden Entscheidungen keine Abhängigkeiten zu anderen, später zu treffenden Entscheidungen, spricht man von statischen, andernfalls von dynamischen Entscheidungssituationen (vgl. Bamberg (2006), S. 41).

[229] Vgl. Jahn (2010), Eisenführ/Weber (2010), S. 23.

[230] Vgl. Eisenführ (2003), S. 19.

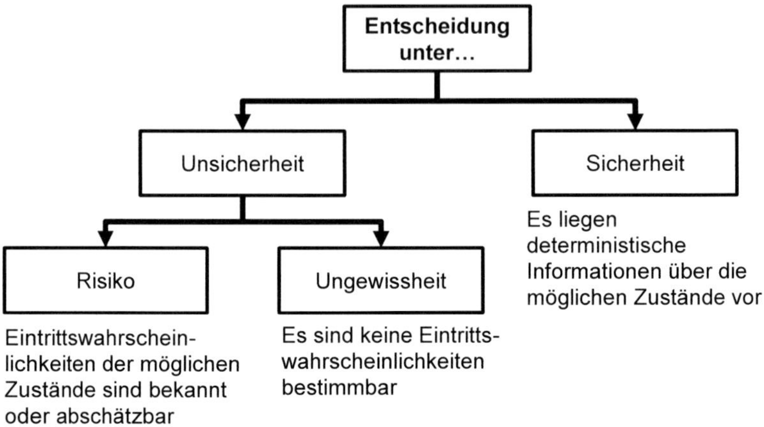

Abbildung 25: Informationszustände in Entscheidungssituationen[231]

Unsicherheit entsteht jedoch nicht nur durch das Auftreten stochastischer Einflussgrößen, sondern auch in Situationen, in denen nur unvollkommene Information verfügbar sind.[232]
In Bezug auf ein Produktentwicklungsprojekt kann Unsicherheit so auch als die Differenz zwischen der Menge der dem Entwicklungsteam zur Verfügung stehenden Informationen und der für die Entwicklungsentscheidungen notwendigen Informationen gesehen werden.[233] Neben mangelnder Verfügbarkeit relevanter Informationen kann auch die Ungenauigkeit oder Unzuverlässigkeit der verfügbaren Informationen ein Grund für Informationsunsicherheit in Entscheidungssituationen sein.[234]

Die dem Entscheidungsprozess zu Grunde liegenden Eingangsinformationen können quantitativ, qualitativ oder in einer Mischform vorliegen. Quantifizierbare Informationen sind beispielsweise messbare (Produkt-) Eigenschaften wie das Gesamtgewicht, die Motorleistung eines Fahrzeugs, die durchschnittliche Montagedauer und die Materialkosten. Die Art der

[231] Vgl. Kröll (2007), S. 60.

[232] Vgl. Wißler (2006), S. 20, Wöhe/Döring (2002), S. 122.

[233] Vgl. Galbraith (1973), S. 5.

[234] Vgl. Walker et al. (2003), S. 8.

Eingangsinformation, aber auch die Anzahl der im Entscheidungsprozess zu berücksichtigenden Kriterien wirken sich stark auf die Gestaltung des Entscheidungs- bzw. Bewertungsverfahrens aus. Muss nur ein Kriterium für eine Entscheidung berücksichtigt werden oder lassen sich alle relevanten Kriterien in einer Dimension bewerten (z.B. monetär), kann die Entscheidung für eine Alternative relativ einfach abgeleitet werden. Andernfalls muss festgelegt werden, wie die Kriterien auf die Entscheidung wirken (z.B. ob sich Kriterienbewertungen gegenseitig kompensieren können oder nicht) und ggfs. eine Kriteriengewichtung bestimmt werden.
Liegen qualitative Informationen als Eingangsgrößen der Entscheidung vor, können diese unter Umständen in quantitative Informationen transformiert werden. Zum Beispiel kann die qualitative Bewertung der Produktwertigkeit in numerische Werte gewandelt werden, z.B. in Form eines Punkte- oder Notensystems. Diese Transformation hängt dabei stark von der subjektiven Einschätzung des Entscheidenden ab.[235]

Im Produktentwicklungsprozess liefert die Absicherung Eingangsinformationen für die Bewertung von Konstruktionsständen und damit die Grundlage für nachfolgende Entscheidungen. Sie erzeugt außerdem Informationen, aus denen sich eine Bewertung des Produktentwicklungsfortschritts (Reifegrad) ableiten lässt. Dies ist vor allem für die Projektsteuerung interessant, die u.a. Entscheidungen über Ressourceneinsatz und steuernde Maßnahmen treffen muss.

2.2.8 Bewertung des Produktentwicklungsfortschritts

Über den Entwicklungszeitraum steigt der Grad der Festlegung und Detaillierung des Produkts, bis dieses die zuvor definierten Anforderungen erfüllt und schließlich in Produktion gehen kann.[236] Um diese Entwicklung zu kontrollieren und zu steuern, empfehlen die in Abschnitt 2.1.3 beschriebenen Vorgehensmodelle phasenbezogene Bewertungen des Konstruktionsstandes. Die dafür eingesetzten Absicherungs- und Bewertungsmaßnahmen erzeugen Informationen, die die Grundlage für Aussagen über den Produktentwicklungsfortschritt, also den Reifegrad der Entwicklung bzw. des Projekts bilden

[235] Vgl. Gerpott (2005), S. 175.

[236] In Teilbereichen sind auch nach der Produktionsfreigabe Änderungen und Anpassungen des Produkts möglich, diese sind jedoch in der Regel mit sehr hohen Kosten und organisatorischem Aufwand verbunden (Kersten (1999), S. 356) und damit zu vermeiden.

können.[237] Grundlage für diese Bewertung sind die Projektziele und die Anforderungen an das Produkt.

2.2.8.1 Definition der Reife und des Reifegrads

Reife bezeichnet den relativen Fortschritt eines sich wandelnden Objektes in Hinblick auf bestimmte Objektmerkmale bezogen auf einen bestimmten Ziel- bzw. Endzustand. Für die Beschreibung der Reife wurde eine Reihe von Modellen entwickelt, die sich auf unterschiedliche Objekte, wie beispielsweise Produkte, Prozesse und Organisationen beziehen.[238]

Die Gemeinsamkeit vieler dieser Modelle liegt in der Einteilung des Reifeverlaufs in markante Stufen, welche auch als Reifegrade bezeichnet werden.[239] Ein Reifegrad wird dann erreicht, wenn spezifizierte Forderungen an bestimmte Merkmale durch die Erreichung entsprechender Merkmalsausprägungen erfüllt werden.[240]

In der Literatur existieren noch weitere Definitionen und Diskussionen des Begriffs „Reife" bzw. „Reifegrad". Nach MÜLLER kann der Reifegrad eines Produkts bezogen auf eine Eigenschaft durch die normierte Abweichung der erfassten Ist-Eigenschaftserfüllung von dem Soll-Zustand beschrieben werden. Des Weiteren definiert der Autor den Gesamtreifegrad eines Produkts als die aufsummierten Reifegrade einzelner Produkteigenschaften. Diese werden dabei jeweils mit einem Unsicherheitsfaktor multipliziert, um die Ungenauigkeit der Erfassungsmethode widerzuspiegeln.[241]

Der Produktreifegrad bezieht sich hier auf den Entwicklungsstand des Produkts. Aus technischer Sicht kann er als der Grad der Erfüllung der Anforderungen an das Produkt definiert werden.[242]

Ein Ansatz zur Darstellung des Reifegrads findet sich auch in WEBER (2007) im Rahmen des CPM/PDD.

---

[237] Siehe hierzu u.a. Mueller (2008) für eine detaillierte Darstellung des Zusammenhangs von Absicherungsmaßnahmen und der Bestimmung des Produkt-, Projekt- oder des digitalen Reifegrads.

[238] Vgl. de Bruin et al. (2005), S. 1f.

[239] Vgl. Akkasoglu, S. 8f.

[240] Vgl. Becker (2009), S. 249.

[241] Vgl. Müller (2008), S. 96.

[242] Vgl. Weinzierl (2006), S. 21; Pfeifer (1996), S. 565.

Die **Entwicklungsreife M(t)** setzt sich hier aus der Produktreife bezogen auf die Produkteigenschaften $M_p(t)$ und dem Grad der Merkmalsfestlegung $M_c(t)$ zusammen. Die beiden Größen werden multipliziert (und nicht addiert), weil sie sich gegenseitig nicht ausgleichen können. Die Entwicklungsreife M(t) erreicht ihren Maximalwert 1, wenn $M_p(t)$ und $M_c(t)$ ihre Maximalwerte erreichen. Die Eigenschaftsreife $M_p(t)$ eines Produkts zu einem bestimmten Zeitpunkt t ist dabei der Durchschnitt aller Eigenschaftsreifegrade $M_{pn}(t)$. Die Reife einer Eigenschaft wird als das Verhältnis der Zielerreichung $P_n(t)$ bezogen auf die entsprechende Anforderung PR_n ausgedrückt. Die „Unschärfe“ mit der eine Eigenschaft dabei erfasst wird, wird von der Größe ε_n (Konfidenzfaktor) repräsentiert, die abhängig von der Erfassungsmethode ist und einen Wert zwischen Eins und Null annehmen kann. Je genauer die Erfassung einer Eigenschaft mit einer Methode möglich ist, desto höher ist der Faktor ε_n.

Die Reife der Merkmalsfestlegung $M_c(t)$ beschreibt die Anzahl der bereits festgelegten Design-Merkmale bezogen auf die Gesamtzahl der für die Entwicklung notwendigen Design-Merkmale. Obwohl diese Größe bis zum Ende des Produktentwicklungsprozesses nicht mit Sicherheit bestimmt werden kann, ist es oft möglich, (z.B. aus Erfahrungswerten) Abschätzungen zu treffen.[243]

[243] Vgl. Weber (2007), S. 101.

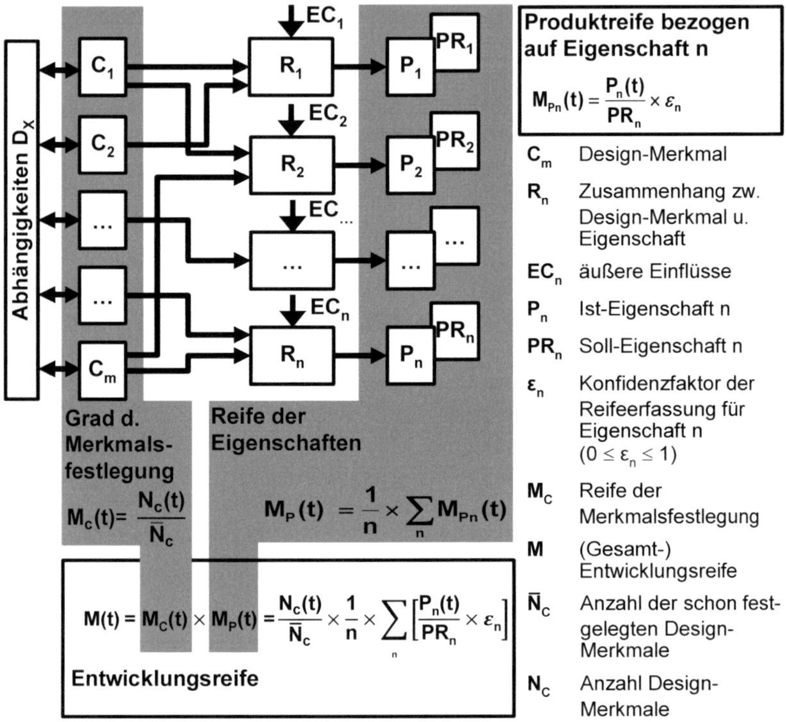

Abbildung 26: Reifegrad-Darstellung im CPM/PDD[244]

Neben dem zu entwickelnden Produkt kann auch das Entwicklungsprojekt als solches im Fokus der Reifebetrachtungen stehen. Das Projekt umfasst die Summe aller Prozesse und Ereignisse, die zur Erreichung des Projektziels abzuschließen sind. Bei der sog. Projektfortschrittsmessung werden die Reifeeinflussgrößen aus der Projektplanung ausgeleitet und ausgewertet, um die Projektreife zu bestimmen. Dazu werden vom Projekt-Endtermin ausgehend alle Vorgängerprozesse bestimmt und Vorleistungen definiert. Ausgehend von einer detaillierten Ablaufplanung mit definierten Ziel-

[244] In Anlehnung an: Weber (2007), S. 102.

terminen der einzelnen Prozesse kann ein Projektfortschritt anhand der Einhaltung der Zieltermine bzw. der Aufgabenabarbeitung bewertet werden. Zu dieser ergebnisorientierten Projektfortschrittsmessung wurden verschiedene Ansätze u.a. von WANGENHEIM, FISCHER, STAIGER und HEILER/WIßLER entwickelt.[245]

Auch für die Entwicklung von Prozessen und Methoden kann die Bestimmung des Reifegradverlaufs sinnvoll sein. Ein Prozess wird hier als eine zielgerichtete, definierte Abfolge von Handlungen und Ereignissen verstanden. Besonders in Hinblick auf die Produktion spielt die Entwicklung und Festlegung von Prozessen eine wichtige Rolle. Sie beginnt (je nach Produkt und Produktionssystem) in der Regel schon während der Produktentwicklung.
Der Reifegrad von Produktionsprozessen kann bezüglich unterschiedlicher Prozesseigenschaften bewertet werden, wie zum Beispiel deren Effektivität, Effizienz, Wiederholgenauigkeit/Robustheit, Fehlhandlungssicherheit sowie die organisatorischen Rahmenbedingungen. Die Effektivität beschreibt die Wirkung des Prozesses in Bezug auf dessen Zielerreichung. Die Effizienz eines Prozesses bemisst dessen Wirkung in Relation zu dem notwendigen Ressourceneinsatz. Ein Produktionsprozess sollte zudem robust gegen äußere Einflussfaktoren sein und bei mehrfachen Prozesswiederholungen eine vergleichbare Ergebnisqualität liefern. Um einen reibungslosen Produktionsablauf zu ermöglichen müssen in der Regel außerdem entsprechende (organisatorische) Rahmenbedingungen, wie beispielsweise die Bereitstellung von Ressourcen, die Festlegung der Verantwortlichkeiten und die Existenz einer einheitlichen Prozessbeschreibung sichergestellt werden. Damit ergeben sich verschiedene Zieldimensionen, die für die Reifebewertung von Produktionsprozessen herangezogen werden können.
Der Begriff Reife ist demnach immer in Bezug auf eine spezifizierte Eigenschaft und ein bestimmtes Objekt verstehen. Dies ist für die Interpretation der Messgröße, aber auch für deren Erfassung wichtig, die im Folgenden beschrieben werden soll.

[245] Siehe Wangenheim (1998), Fischer/Henne (1998), Fischer/Weber (1998), Staiger (1997), Heiler/Wißler (1999).

2.2.8.2 Reifegradmessung

Da es sich bei der „Reife" um ein abstraktes und in der Regel sehr komplexes Konzept handelt, kann diese normalerweise nicht direkt gemessen, sondern nur über die Erfassung verschiedener Indikatoren abgeschätzt werden.

2.2.8.2.1 Reifeindikatoren

Ein Indikator ist eine messbare Größe, aus der sich Aussagen hinsichtlich eines bestimmten Phänomens (Indicandum) ableiten lassen.[246] Entsprechend werden geeignete Größen, die ersatzweise für die Reifebewertung herangezogen werden, als Reifeindikatoren bezeichnet.

Für die Auswahl dieser Reifeindikatoren können unterschiedliche Sichtweisen zugrunde gelegt werden und so kann zwischen einer Funktions-/Ergebnis- und einer Problem-orientierten Reifegradmessung unterschieden werden. Ist das Produkt vollständig in seinen Eigenschaften beschrieben und eine Bewertung jeder einzelner Eigenschaft möglich, so kann eine Funktions-/Ergebnisorientierte Reifegradmessung durchgeführt werden. Dabei wird der Zielerreichungsgrad in jeder Eigenschaft bewertet. Ein vollständig reifes Produkt ist dann durch die Erfüllung aller vorgegebenen Ziele definiert. Die vollständige Beschreibung der Produkteigenschaften ist bei dieser Sichtweise auf den Reifegrad Voraussetzung. Auch müssen konkrete und messbare Ziele für diese Eigenschaften definiert sein.[247]

Eine andere Möglichkeit zur Herleitung des Reifegrads ist die Betrachtung von Problemen und Aufgaben, die für die Fertigstellung noch zu bewältigen sind. Eine hohe Anzahl von Problemen und offenen Aufgaben deutet auf eine geringe Reife hin. Dieser Reifeindikator birgt jedoch die Gefahr, dass eventuell noch unentdeckte Probleme und nicht berücksichtigte Aufgaben vorhanden sind, die damit nicht in die Größe einbezogen sind, sodass unter Umständen eine höhere Reife als die tatsächliche angedeutet wird.

Weitere Beispiele für mögliche Reifeindikatoren sind die folgenden:

- Eine vereinfachte Darstellung des Reifeverlaufs ergibt sich durch das Auftragen der Anzahl fertiggestellter Bauteile/Komponenten über die Produktentwicklungsdauer. Der höchste Reifegrad wäre damit bei Vollständigkeit des Produkts erreicht.

---

[246] Vgl. Barkmann (2000) nach Jahn (2010), S. 31.

[247] Siehe hierzu auch Weber (2007).

- Auch das noch vorhandene Optimierungspotential kann als Reifeindikator eingesetzt werden. Ist ein Bauteil oder Konzept nicht mehr sinnvoll optimierbar, kann in der Regel angenommen werden, dass es sich im (erreichbaren) Optimalzustand befindet. Natürlich sind hier im Allgemeinen mehrdimensionale Optimierungsprobleme zu betrachten und es sind auch Wechselwirkungen zu anderen Bauteilen sowie der Gesamtkontext zu berücksichtigen.

Die Erfassung der Reife ist also nicht ohne weiteres möglich und muss je nach Verwendungszweck abgestimmt sein. Einen Nutzen bringen Aussagen über die Reife vor allem für die Projektsteuerung.

2.2.8.2.2 Reifegrad-Monitoring mithilfe von Kennzahlensystemen

Für die Steuerung des Entwicklungsprojekts werden Informationen über Eingangs- und Ergebnisgrößen und die Prozess-internen Stellgrößen benötigt, um Plan-Ziel-Abweichungen frühzeitig entgegenzuwirken. Die erfassten Reifeindikatoren müssen dafür sinnvoll in Bezug gesetzt und interpretiert werden. Dies geschieht in der Praxis oft anhand von Kennzahlensystemen. Die Festlegung einer solchen Bewertungssystematik ist aber keine leichte Aufgabe und erfordert teilweise lange Abstimmungen zwischen den einzelnen Prozesspartnern.

Ein mögliches Vorgehen zur Erstellung einer Bewertungssystematik kann folgendermaßen aussehen:

1) Festlegung und Definition der zu erfassenden Eigenschaften
2) Erfassung geeigneter Messgrößen bzw. Indikatoren
    a. Abgrenzung des Bewertungsumfangs
    b. Gestaltung des Systems zur Erfassung (Prozesse, Erfassungszeitpunkte und z.B. IT-Tools)
3) Evtl. Ableitung einer (zusammengesetzten) Reifegradkennzahl
    a. Festlegung der Aggregationsmethode
    b. Gewichtung
    c. Normierung
4) Festlegung von Zielwerten
5) Auswahl der Darstellungsform der Ergebnisse und eventuell Visualisierung

Die Darstellungen dieser Reifegrad-Informationen können entweder durch einen Datensatz alleine oder aber die Zusammenfassung mehrerer Datensätze repräsentiert werden. Durch die Zusammenfassung mehrerer Größen (z.B. Bewertungen in mehreren Teil-Eigenschaften) entstehen sog. aggregierte Indikatoren (Composite Indicators), die ein bestimmtes Konzept abbilden. Die Sub-Indikatoren, also die Komponenten des aggregierten Indikators müssen dafür natürlich sorgfältig ausgewählt werden, um die Zielgröße korrekt abzubilden.[248] Für die Zusammenfassung der Daten sollten diese in numerische Werte überführt und entsprechend skaliert bzw. normiert werden und eine für den Verwendungszweck geeignete Aggregationsmethode ausgewählt werden, da diese den Einfluss der Sub-Indikatoren auf den Gesamtindikator definiert.

Bei der linearen Aggregation wird ein (gegebenenfalls gewichtetes) arithmetisches Mittel für das Gesamtergebnis gebildet, bei der geometrischen Aggregation ein geometrisches Mittel. Während die lineare Methode adäquat für die Aggregation von Sub-Indikatoren gleicher Maßeinheit ist, ist das geometrische Verfahren geeignet für Datenreihen mit positiven Werten und unterschiedlichen, kardinalen Skalen.[249]

Bei beiden Aggregationsmethoden kann über die Gewichtung der Einfluss der einzelnen Komponenten auf den Gesamtindikator festgelegt werden. Die einzelnen Werte eines Sub-Indikators wirken sich bei der linearen Aggregation proportional zur Gewichtung aus, bei der geometrischen Methode hingegen gehen höhere Werte überproportional in das Gesamtergebnis ein. Werden Null-Werte zugelassen, ist das Gesamtergebnis bei dieser Methode unabhängig von den anderen Werten auch null. Dies kann in manchen Fällen ein wünschenswerter Effekt sein, wenn die Bewertung mit null in einer Kategorie als „K.O.-Kriterium" gezählt werden soll.[250]

2.2.8.2.3 Reifeverlauf

Komplexe Sachverhalte können mithilfe von Visualisierungen häufig besser kommuniziert werden, als durch Texte oder Datentabellen. In der Produktentwicklungsliteratur wird die Reife daher oft als Kurve im Verlauf

[248] Vgl. Nardi et al. (2005), S. 13.

[249] Vgl. Nardi et al. (2005), S. 22.

[250] Vgl. Nardi et al. (2005), S. 22.

über die Zeit dargestellt.[251] Die Darstellungen differieren in einigen Aspekten sind jedoch in ihrer Grundaussage weitestgehend identisch.
Die Darstellung des Verlaufs und die Vorgabe eines Zielwertverlaufs hängen davon ab, ob es sich um eine Prozess- oder eine Zustandsgröße handelt. Bei einer *Prozessgröße* bleiben die Zielvorgaben über den gesamten Entwicklungsprozess gleich und die Soll-Reife wird in der Regel durch einen kontinuierlich ansteigenden Verlauf dargestellt. Im Gegensatz dazu werden bei einer *Zustandsgröße* den Projektphasen angepasste Zielvorgaben gemacht und eine phasenabhängige Soll-Reife (von 100%) zu jeder Projektphase vorgegeben. Theoretisch kann in dieser Darstellung auch ein Reifegrad von über einhundert Prozent erreicht werden, wenn eine Übererfüllung der geplanten Sollvorgaben vorliegt. Die nachfolgende Abbildung 27 stellt mögliche Reifegradverläufe und Reifegraddarstellungen exemplarisch dar.

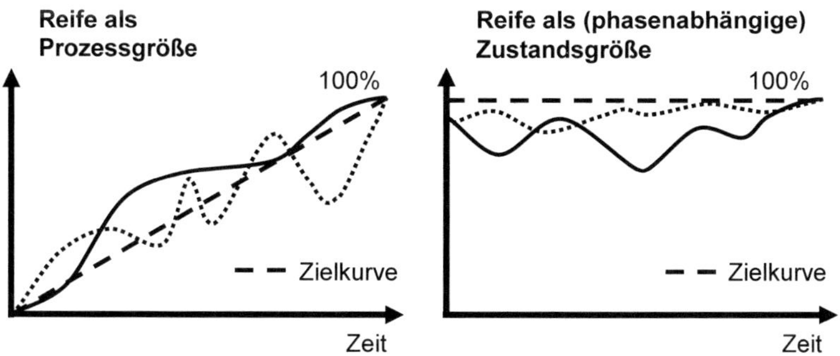

Abbildung 27: Beispiel für den Verlauf der Projektreife[252]

Diese Art der Visualisierung bietet die Möglichkeit, Zielkorridore und Vergleichsprojekte relativ einfach in die Darstellung zu integrieren und eignet sich damit gut für die Kommunikation in der Projektsteuerung bzw. im Reifegradmanagement.

[251] Siehe u.a. Lindemann (2009), Müller (2008), Pahl/Beitz (2013).

[252] In Anlehnung an Weinzierl (2006), S. 22.

2.2.8.3 Reifegradmanagement

Der Begriff *Management* umfasst die Summe aller aufeinander abgestimmten Tätigkeiten zur Steuerung einer Organisation.[253] Aus dieser Definition abgeleitet bezieht sich das *Reifegradmanagement* auf die Steuerung der Reife (je nach Ausprägung bezogen auf die Produkt-, Prozess- oder Projektreife). Es beinhaltet dabei

- die Vorgabe klarer Reifeziele,
- Projekt- und Zielgrößenüberwachung und
- Aktivitäten der Projektsteuerung.[254]

Für die Projektsteuerung ist die Transparenz über den Projektfortschritt bezogen auf die Projektziele notwendig, um regelnd eingreifen zu können.[255] Auch die Ressourcenbetrachtung ist dabei nicht zu vernachlässigen, um Ergebnis-, Zeit- und Kostenrisiken zu erkennen und diesen rechtzeitig entgegen zu wirken.[256] Eine Grundvoraussetzung für eine erfolgreiche Projektsteuerung ist damit die Verfügbarkeit von Information über den Projektstatus bzw. die relevanten Einfluss- und Steuergrößen, wodurch die Erfassung dieser Informationen zu einem wichtigen Element der Projektsteuerung wird. Ein *Projekt* soll hier als die Summe von Aktivitäten zur Erreichung eines bestimmten Ziels mit einem definierten Start- und Fertigstellungszeitpunkt und unter Einhaltung der dafür verfügbaren Ressourcen verstanden werden.[257] Der Projektfortschritt beschreibt die Zielerreichung eines Projekts zu einem bestimmten Zeitpunkt in Relation zu den für diese Projektphase geplanten Zielen,[258] oder bezogen auf das geplante Gesamtergebnis.[259] Man spricht dabei vom Fortschritts- bzw. Fertigstellungsgrad eines Projekts, der beispielsweise in Prozent der geplanten Zielerreichung angegeben werden kann.[260]

[253] Vgl. DIN EN ISO 9000.

[254] Vgl. Jahn (2010), S. 35.

[255] Vgl. Jahn (2010), S. 30.

[256] Vgl. Schreckeneder (2005), S. 89, S. 150ff.

[257] Siehe Project Management Institute (2017), Kap. 1.2.1.

[258] Vgl. Motzel (2001), S. 690f.

[259] Vgl. DIN 66901.

[260] Vgl. Schreckeneder (2005), S. 150.

In der Literatur sind verschiedene Definitionen des Begriffs Projektfortschritt bzw. *Projektreife* zu finden. WEINZIERL (2006) unterteilt die Projektreife in die drei Bereiche Produktreife, Prozessreife und Betriebsmittelreife.[261] Ergänzend betont JAHN (2010) neben den Produkt-Aspekten auch die Einhaltung unternehmensinterner Prozesse und Terminpläne und versteht unter einer hohen Projektreife die Erreichung eines fehlerfreien, qualitativ hochwertigen Produkts, das sowohl allen Kundenanforderungen als auch den internen (Projektmanagement-) Anforderungen genügt und mit einem positiven Deckungsbeitrag produziert werden kann.[262] Vor allem bei großen Projekten mit vielen zu koordinierenden Aktivitäten und Personen hat die Einhaltung der internen Prozesse und Terminpläne großen Einfluss auf den Gesamterfolg des Projekts.

Die Bewertung der Reife ist aufgrund der Vielzahl der unterschiedlichen Reifeindikatoren, deren Korrelationen sowie der vielen externen Einflussfaktoren auf die Reife eine schwierige Aufgabe.[263] Vor allem in frühen Projektphasen erschweren die oftmals instabilen Anforderungsdefinitionen die Bewertung der Reife.[264]
Trotzdem darf auf diese Bewertung nicht verzichtet werden, da nur auf Basis der Kenntnisse über den aktuellen Reifegrad und der Zielverfehlungsrisiken die Projektsteuerung geeignete Maßnahmen ableiten kann, um die Zielerreichung sicherzustellen.
Die Erfassung, Analyse und Bereitstellung relevanter Informationen zur Projektsteuerung für die aktive und bedarfsgerechte Ressourcenallokation ist eine wichtige Aufgabe des Reifegradmanagements. Es soll damit der aktiven Beeinflussung definierter Stellgrößen mit dem Ziel der schnellstmöglichen Reifeerhöhung dienen. Dem Unternehmen stehen hierfür verschiedene Instrumente zur Verfügung, die stark von der Organisation des Unternehmens und den Produkten abhängen. Ein System an Messgrößen und deren Monitoring ist dabei ein verbreitetes Werkzeug. In sehr komplexen Projekten ist dies besonders aufwändig und wichtig, da viele Größen letztendlich voneinander abhängig oder Vorleistungen für andere Größen sind.

---

[261] Vgl. Weinzierl (2006), S. 20.

[262] Vgl. Jahn (2010), S. 32.

[263] Vgl. Fischer (2000), S. 141; Jahn (2010), S. 35.

[264] Vgl. Jahn (2010), S. 32.

Für die Beschreibung der Eigenschaften, deren Reife erfasst werden soll und die Untersuchung von Wirkzusammenhängen zwischen diesen sind verschiedene Herangehensweisen denkbar. In dieser Arbeit soll speziell der Einsatz von Methoden des Data Minings für die Extrahierung von Eigenschaftsbeschreibung aus vorhandener Produktentwicklungsdokumentation betrachtet werden. Daher wird im folgenden Unterkapitel ein grundlegender Überblick über Data Mining-Instrumente und deren Einsatzmöglichkeiten gegeben.

2.3 Einsatz von Data Mining zur Analyse von Produktentwicklungsdokumentation

Durch die Kommunikationsaufzeichnungen und Ergebnisdokumentation entsteht während des Produktentwicklungsprozesses in einem Unternehmen eine Vielzahl von Dokumenten und in IT-Systemen erfassten Daten. Wichtige Speicher von Informationen, die den Entwicklungsfortschritt beschreiben sind beispielsweise IT-Systeme für die Verwaltung von Engineering Change Requests (ECR) und Problem-Management-Systeme. In diesen Systemen werden Problemursachen und Lösungsmaßnahmen dokumentiert und verwaltet. Obwohl dies nicht der ursprüngliche Zweck dieser Systeme ist, können die so gespeicherten Erfahrungen als Wissensquelle für folgende Produktentwicklungsprojekte dienen. Allerdings ist dieses Wissen in der Regel nicht direkt zugänglich, sondern muss durch geeignete Verfahren extrahiert werden. Diese Verfahren müssen für die vorhandenen Datenformate und die oftmals sehr großen Datenmengen geeignet sein. In diesem Abschnitt sollen daher die Grundlagen des Data Minings vorgestellt werden. Da die Problem- bzw. Änderungsdokumentation neben Bilddaten und 3D-Geometriemodellen auch sehr viel Information in Textform enthält, ist hier im speziellen das Text Mining interessant, das eine Subkategorie des Data Minings ist. Außerdem sollen Ontologien bzw. Taxonomien als eine Möglichkeit vorgestellt werden, das extrahierte Wissen darzustellen und zu speichern, da sich diese gut für die Darstellung von (Wirk-)Zusammenhängen und Beziehungswissen eignen.

2.3.1 Knowledge Discovery in Data Bases und Data Mining

Die Kommunikation und der Zugang zu Informationen wurden nicht zuletzt durch die Fortschritte in der Informations- und Kommunikationstechnologie stark vereinfacht. Und so führt in der heutigen Zeit oft nicht die Datenbereitstellung als solche zu Verzögerungen in Unternehmensprozessen, sondern die Extraktion relevanter Informationen aus einer Vielzahl von Quellen. In einigen Veröffentlichungen wird daher auch von einem „Information Overload“ gesprochen.[265] Um den Vorgang der Identifikation relevanter Information[266] und der Extraktion von Wissen zu unterstützen, können die Verfahren des Data Minings eingesetzt werden.

Data Mining wird in den verschiedensten Bereichen eingesetzt, um Muster in großen Datenmengen zu erkennen. Beispiele dafür sind die Analyse von Käuferverhalten im Einzelhandel, die Prognose von Betrugsfällen in der Finanz- und Versicherungsbranche und die Analyse von DNA-Daten in der Genforschung.[267]

Die Verfügbarkeit großer Informationsmengen zu bestimmten Fragestellungen in digitaler Form ermöglicht die maschinelle Analyse dieser Informationen und damit die Anwendung einer Fülle von Algorithmen, die im Vergleich zur manuellen Analyse und Interpretation in der Regel eine effizientere und schnellere Auswertung ermöglichen.[268] Dies ist auch die Grundlage des Knowledge Discovery in Data Bases (KDD), also die Extraktion von Wissen aus Datenbanken. Der Begriff wird teilweise synonym zu dem Begriff Data Mining verwendet, der aber in manchen Quellen auch nur den analytischen Teil des KDD-Prozesses bezeichnet.[269]

Der von FAYYAD et al. beschriebene KDD-Prozess ist in der nachfolgenden Abbildung dargestellt.

[265] Vgl. Siegmund (2006), S. 42.

[266] Vgl. Strohter et al. (2012), S. 178. Data Mining-Verfahren werden unter anderem auch für die Filterung von Daten eingesetzt. Ein prominentes Beispiel ist die Anwendung in Email-Spam-Filtern.

[267] Vgl. Bagga et al. (2012), S. 22.

[268] Vgl. Fayyad et al. (1996), S. 28.

[269] Vgl. Giess (2006), S. 12.

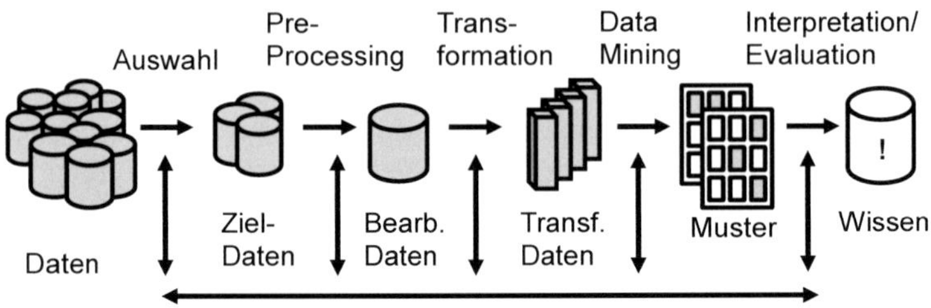

Abbildung 28: Der KDD Prozess[270]

Basierend auf Vorwissen bezüglich der zu untersuchenden Domäne und der Zielsetzung der Datenanalyse werden im ersten Schritt die für die Analyse relevanten Daten ausgewählt.[271] Diese müssen in einheitlicher und strukturierter Form vorliegen, um die Anwendung der Data-Mining-Verfahren zu ermöglichen. Im nächsten Schritt, dem Pre-Processing, werden die Daten für die Analyse vorbereitet indem beispielsweise Rauschen (Noise) oder Ausreißer korrigiert werden, der Umgang mit fehlenden Daten (Missing Values) erarbeitet wird und die Datentypen angepasst werden. Um die effektive Anzahl der betrachteten Variablen zu reduzieren, können zudem Methoden zur Dimensionsreduzierung und Transformation eingesetzt werden. Auf die so vorbereiteten Daten können nun die Data-Mining-Verfahren angewendet werden, deren Resultat die Beziehungen und Zusammenhänge der den untersuchten Daten zugrundeliegenden Faktoren darstellen. Nach der Interpretation und Evaluation der erlangten Ergebnisse, steht als abschließender Schritt des KDD Prozesses die Nutzung des gewonnenen Wissens für die Ableitung von Handlungen und als Entscheidungsgrundlage.[272]

Das Data Mining als Teilschritt des KDD Prozesses ist ein Überbegriff verschiedener Datenanalyse-Methoden, die sich in zwei Kategorien einteilen lassen: die *beschreibenden* und die *voraussagenden* Methoden.[273] Beschreibende Verfahren werden eingesetzt, um neue Erkenntnisse über

[270] Vgl. Fayyad et al. (1996), S. 29.

[271] Vgl. Fayyad et al. (1996), S. 30.

[272] Vgl. Fayyad et al. (1996), S. 30.

[273] Vgl. Vossen (2008), S. 527; Strohter et al. (2012), S. 187f.

Strukturen und Trends in den Eingangsdaten zu gewinnen. Voraussagende Verfahren entwickeln auf Basis von Trainingsdaten Modelle, die für Vorrausagen über neue Daten dienen.[274]
Ein Beispiel für eine voraussagende Methode ist die Klassifikation. Bei der Klassifikation werden Inhalte zu bereits vordefinierten Klassen zugeordnet. Aus einem bekannten (Trainings-) Daten-Set abgeleitete oder festgelegte Zuordnungsregeln werden auf das unbekannte Daten-Set angewendet um dessen Objekte zu klassifizieren (z.B. für die Identifikation einer E-Mail als Spam). Abbildung 29 zeigt schematisch die Ableitung und den Einsatz eines Klassifikationsmodells.
Während durch Klassifikation kategorische Label vorhergesagt werden, wird durch den Einsatz von Numeric Prediction ein numerischer Wert vorausgesagt.[275]

[274] Vgl. Sumathi et al. (2006), S. 157.

[275] Vgl. Witten (2011), S. 42f.

Training-Set

ID	Attribut 1	Attribut 2	Attribut 3	Klasse
1	ja	rot	warm	A
2	nein	gelb	kalt	B
3	ja	gelb	heiß	A
...	nein	blau	warm	C
...	ja	gelb	kalt	B
...	ja	rot	warm	C
m	nein	blau	heiß	A

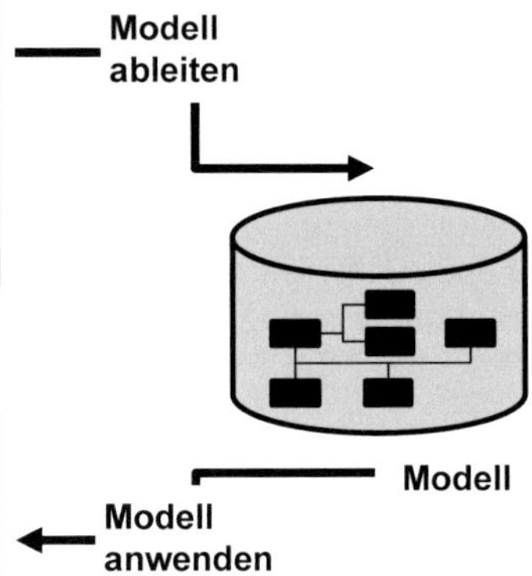

Test-Set

ID	Attribut 1	Attribut 2	Attribut 3	Klasse
m+1	ja	blau	warm	?
...	ja	rot	heiß	?
...	ja	blau	heiß	?
...	nein	gelb	kalt	?
n	ja	gelb	warm	?

Abbildung 29: Klassifikation

Als Beispiele für beschreibende Methoden können die Mustererkennung (engl. Pattern Mining) und die Klassenbildung (engl. Clustering) genannt werden. Beim Pattern Mining werden Muster und logische Verbindungen zwischen Objekten aufgedeckt und als Regeln abgebildet.[276]

Als Clustering werden Verfahren bezeichnet, die Objekte über ihre Attribute in Gruppen einteilen. Ein Beispiel ist die Zuordnung von „Tulpen“ und „Rosen“ zu einer Gruppe. Die Gruppen-Label (in diesem Fall z.B. “Pflanzen”) sind dabei im Vorfeld der Untersuchung nicht bekannt. Cluster können

[276] Ein konstruiertes, dennoch oft zitiertes Beispiel für die Anwendung eines Mustererkennungsverfahrens ist die Analyse von verkauften Waren eines US-amerikanischen Supermarktes. Ziel war die Identifikation von Artikeln, die häufig gemeinsam verkauft werden. Das Ergebnis der Analyse zeigte einen erhöhten Absatz von sehr unterschiedlichen Produkten, die von bestimmten Kundengruppen gekauft werden (vgl. Strohter et al. (2012), S. 189).

auf unterschiedliche Weisen gebildet werden: mit *partitionierenden* und *hierarchischen* Verfahren. Bei der partitionierenden Cluster-Bildung wird die Grundmenge von Objekten so in Gruppen aufgeteilt, dass die Objekte innerhalb einer einzelnen Gruppe möglichst ähnlich sind und die Gruppen möglichst unterschiedlich sind. Die Anzahl der Cluster wird dabei im Vorfeld der Untersuchung festgelegt. Weit verbreitete Algorithmen für die partitionierende Cluster-Bildung sind das k-means- und das k-medoids-Verfahren.[277]

Bei der hierarchischen Bildung von Clustern können zwei Vorgehen unterschieden werden. Beim Bottom-Up-Verfahren wird jedes Objekt zunächst als einzelnes Cluster betrachtet und die einzelnen Cluster nach deren Ähnlichkeit immer weiter zusammengefasst und so in eine hierarchische Struktur erzeugt. Im Gegensatz dazu wird als Ausgangspunkt beim Top-Down-Vorgehen die Menge der Objekte in einem Cluster zusammengefasst und dieses iterativ geteilt.

Abbildung 30: Prinzipdarstellungen unstrukturierter sowie partitionierend und hierarchisch geclusterter Daten

Die beiden in Abbildung 30 skizzierten Cluster-Verfahren unterscheiden sich in einigen Merkmalen voneinander. Während beim partitionierenden Verfahren die Cluster-Anzahl festgelegt wird und das Ergebnis aus einer einzigen Aufteilungsalternative besteht, variiert diese bei der hierarchischen Cluster-Bildung je nach Granularität der Darstellung.

2.3.2 Data Mining in Text-Dokumenten

In Unternehmen und vor allem auch im Produktentwicklungsprozess werden Informationen oftmals nicht nur in maschinen-lesbarer Form, sondern auch in

[277] Vgl. Ester/Sander (2013), S. 53ff.

natürlicher Sprache dokumentiert und übertragen.[278] Um Informationen in natürlicher Sprache mithilfe von Rechner-Unterstützung zu analysieren sind daher spezielle Text Mining Verfahren notwendig.[279] Für die Vorbereitung der Anwendung dieser Verfahren gibt es zwei Herangehensweisen, die sich danach unterscheiden, ob Aussagen über die Art und Relationen der untersuchten Dokumente getroffen werden sollen oder die Untersuchung von Begriffen bzw. Konzepten unabhängig von den Eingangsdokumenten im Fokus stehen. Abbildung 31 stellt die beiden Vorgehen schematisch dar.

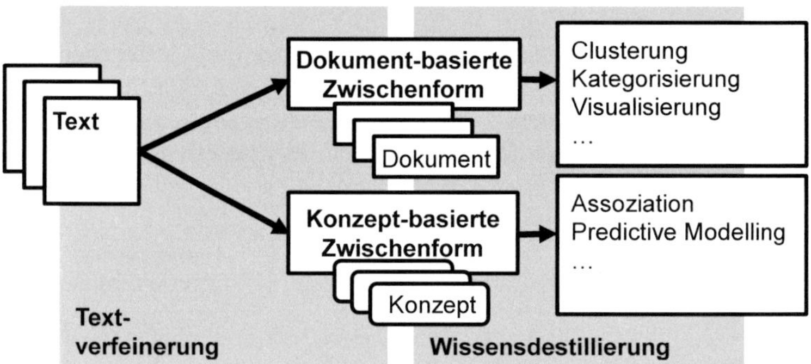

Abbildung 31: Text Mining[280]

Für die Anwendung der Data Mining Verfahren müssen die unstrukturierten Textdaten zunächst in eine strukturierte Zwischenform überführt werden. Dies geschieht mithilfe des sog. Natural Language Processings (NLP), einem Bereich der Computerlinguistik.[281] Die Zwischenform kann entweder Dokument- oder Konzept-basiert sein. In der Dokument-basierten Zwischenform stehen die untersuchten Dokumente als Untersuchungsobjekte

[278] Vgl. Felden et al. (2006), S. 1, Kantardzic (2003, S. 189). Die Autoren schätzen den Anteil der unstrukturierten Daten in Unternehmen auf ca. 80%.

[279] Vgl. Mehler/Wolff (2005), S. 5.; Weiss et al. (2010), S. 1.

[280] In Anlehnung an Tan (1999), S. 66.

[281] Vgl. Mehler/Wolff (2005), S. 9f. Mit den Verfahren des NLP werden natürlich-sprachliche Audio- und Textinformationen maschinen-zugänglich gemacht. Das Fachgebiet befasst sich unter anderem mit der maschinenlesbaren Codierung von Sprache, der Syntax- und semantischen Analyse und der Spracherkennung.

im Fokus. Diese Form kann z.B. als Grundlage für Cluster- oder Kategorisierungsverfahren genutzt werden, um Dokumente bestimmten Bereichen zuzuordnen. Für die Konzept-basierte Zwischenform werden aus den Textdokumenten die relevanten Konzepte herausgearbeitet und diese bspw. für die Untersuchung von Relationen zwischen ihnen oder die Bestimmung von Mustern verwendet.[282]

Clusterung von Textdokumenten

Im Kontext des Text Minings können Ähnlichkeiten zwischen Dokumenten mithilfe von Clustern dargestellt werden. Eine häufig beschriebene Darstellungsweise von Begriffs- oder Dokumenten-Clustern sind selbstorganisierende, zwei-dimensionale Karten („self-organizing maps").[283] Die Ähnlichkeit der Dokumente wird dabei durch deren Anordnung auf der Karte dargestellt. Je größer die Ähnlichkeit, desto geringer ist der Abstandsvektor zwischen den Dokumenten. Die Interpretation von self-organizing Maps ist jedoch nicht immer einfach, da unter Umständen nicht eindeutig ersichtlich ist, nach welchen Dokumenten-Attributen das Mapping entstanden ist.[284]

Cluster können auf drei Arten beschrieben werden: Repräsentationen, Tendenzen und Konzeptbeschreibungen. Eine Repräsentation (bzw. ein Prototyp des Clusters) ist eine Entität des Clusters, die diese beispielhaft darstellt. Tendenzen beschreiben das Cluster über markante Eigenschaften wie Verhalten oder Muster. Konzeptbeschreibungen sind zum Beispiel Klassifikationsbäume oder Regeln, die die Merkmalsausprägungen beschreiben, die eine Entität besitzen muss, um einem bestimmten Cluster zugeordnet werden zu können.[285]

Der Prozess der Clusterung von Daten gliedert sich in der Regel in fünf Stufen, die weitestgehend dem bereits in Abschnitt 2.3.1 vorgestellten Prozess für die Durchführung von KDD-Verfahren entsprechen. Nach der Erhebung bzw. Zusammenstellung des Daten-Sets erfolgt die Datenvorbereitung (preprocessing) und Standardisierung. Auf das vorbereitete Daten-Set werden die Methoden zur Identifikation von Clustern angewendet. Abschließend

[282] Vgl. Tan (1999), S. 66.

[283] Vgl. u.a. Kohonen (1998), Lagus et al. (1996).

[284] Vgl. Merkl (2002), S. 903.

[285] Vgl. Mirkin (2005), S. 31.

erfolgen die Interpretation der Cluster und die Ableitung von Schlussfolgerungen.[286]

Klassifikation von Textdokumenten

Die Klassifikationsverfahren wurden bereits in Abschnitt 2.3.1 im Kontext der voraussagenden Methoden erwähnt. Ziel dieser Verfahren ist die automatische Zuordnung von Objekten – in diesem Fall Textdokumenten – zu definierten Kategorien mithilfe eines Klassifikationsmodells. Als Grundlage für die Generierung dieses Modells dienen Trainingsdaten mit bereits bekannten Kategorien. Da die Erstellung der Trainingsdaten manuell erfolgt, wird dieses Vorgehen auch als überwachtes Lernen (supervised learning) bezeichnet. Die Ableitung des Klassifikationsmodells aus den Trainingsdaten kann hingegen maschinell erfolgen und es stehen dafür verschiedene Maschine learning-Verfahren (ML) zur Verfügung, wie bspw. der k-NN- oder Naive Bayes-Klassifikator.

Die Textdokumente, die als Eingangsgröße für die Textmining-Verfahren dienen, können nach dem Grad ihrer Strukturierung unterschieden werden:[287]

- **Freitext** ist ein natürlich-sprachlicher Text folgend den grammatikalischen Regeln der jeweiligen Sprache, aber ohne vorgegebene Struktur.
- **Semi-strukturierter Text** folgt nicht grammatikalischen Regeln und/oder ist in einem telegrafischen Stil verfasst. Die für den Fließtext entwickelten NLP Methoden können in der Regel nur zu geringem Maße auf diese Form von Texten angewendet werden.
- **Strukturierter Text** ist nach einem strikten vordefinierten Schema aufgebaut wie beispielsweise die Textdaten in einer Datenbank.

2.3.3 Ontologien und Taxonomien

Die zuvor beschriebene Extraktion von Wissen aus Text ist eine interessante Möglichkeit, das Unternehmenswissen zu erweitern und für die Mitarbeiter verfügbar zu machen. Dieser Prozess kann als eine Wandlung von verborgenem zu explizitem Wissen verstanden werden und für die gezielte

[286] Vgl. Mirkin (2005), S. 32.

[287] Vgl. Eikvil (1999), S. 8f.

Erweiterung domänenspezifischen Unternehmenswissens (institutionelles Lernen) eingesetzt werden.[288]
Für die Basis dieser Lernprozesse, der Kommunikation und der Wissensaustausch muss dabei ein gemeinsames Verständnis über die dabei verwendeten Konzepte bzw. Begriffe vorliegen.[289] Eine formale Struktur der Konzepte, die eine vereinfachte und abstrakte Sicht darstellt, kann das leisten. Man nennt solche Strukturen in diesem Zusammenhang auch Ontologien.[290]
Die bekannteste Definition des Begriffs „Ontologie“ ist in GRUBER 1993 zu finden.[291] Hier wird eine Ontologie als “an explicit specification of a conceptualization”[292] beschrieben. Unter „conceptualization“ ist dabei die abstrakte Darstellung eines Phänomens durch die Abbildung der für dieses relevanten Begriffe (bzw. Konzepte)[293] zu verstehen. „Explicit“ bezieht sich hier auf die explizite Definition von Begriffsklassen, Relationen zwischen den Begriffen und Einschränkungen.[294] BORST bzw. STUDER et al. schränken diese Definition noch weiter ein, indem sie die Wichtigkeit der generellen Akzeptanz der spezifizierten Konzepte herausstellen („shared conceptualization“).[295]

[288] Vgl. Wang/Wang (2008), S. 623 und 627ff.

[289] Vgl. Dengel/Bernardi (2012), S. 3f, Dengel/Bernardi/Elst (2012), S. 64.

[290] Vgl. Leitner (2006), S. 113.

[291] Vgl. Uschold/Gruninger (2004), S. 59.

[292] Vgl. Gruber (1993), S. 199.

[293] In verschiedenen deutschsprachigen Quellen zu dem Thema „Ontologien“ werden „concepts“ mit „Konzepten“ (z.B. Braag (2009)) aber auch mit „Begriffen“ (z.B. Maedche et al. (2009)) übersetzt (Dengel (2012), S. 65).

[294] Vgl. Studer et al. (1998), S. 184.

[295] Vgl. Borst (1997), S. 12; Corcho et al. (2003), S. 43; Studer et al. (1998); S. 185.

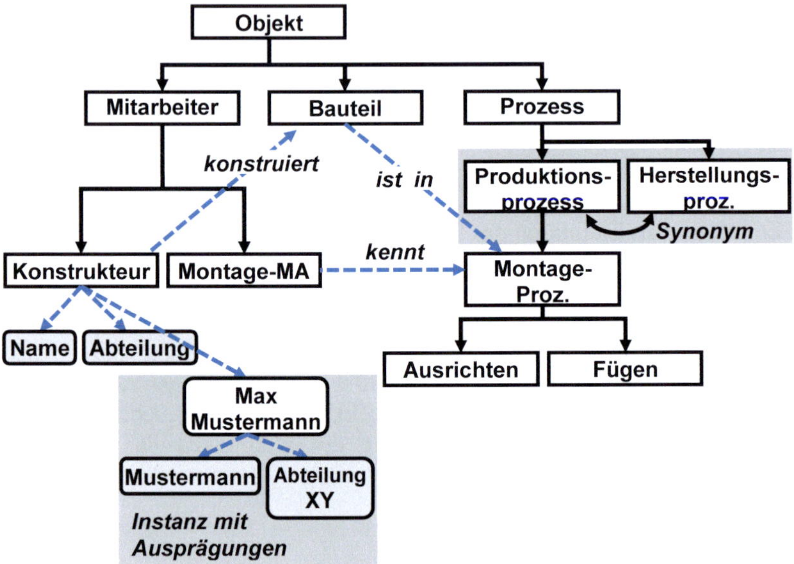

Abbildung 32: Beispielhafte Darstellung einer Ontologie

Neben den Begriffen (z.B. *Bauteil*) setzt sich eine Ontologie aus Attributen (*Name, Abteilung*), die diese beschreiben, Relationen zwischen den Begriffen (z.B. Konstrukteur *konstruiert* Bauteil) und deren konkreten Ausprägungen (Instanzen) zusammen (z.B. *Max Mustermann*). Die Begriffe stellen dabei meist Objekte dar, die im Sprachgebrauch durch Nomen abgebildet werden. Attribute und Relationen (in der Grafik gestrichelt abgebildet) hingegen setzten sich meist aus Adjektiven und Verben zusammen,[296] und können u.a. auch Synonym- oder Antonym-Beziehungen darstellen. Begriffskategorien werden in diesem Zusammenhang als Klassen bezeichnet.[297] Außerdem können Ontologien auch Regeln (oder Axiome) beinhalten, um bestimmte Zusammenhänge in der Domäne darzustellen.[298]

---

[296] Vgl. Lohnstein (1996), S. 50.

[297] Vgl. Dengel (2012), S. 65.

[298] Vgl. Dengel (2012), S. 65.

Es existieren verschiedene Sonderfälle von Ontologien, die nach ihrer „formalen Ausdrucksfähigkeit“ unterschieden werden können. Sie sind in der als „semantische Treppe“ bekannten Form in Abbildung 33 dargestellt. Die Ontologie ist in ihrer Gestaltung am freiesten und verfügt damit über die größten Darstellungsmöglichkeiten, während z.B. die Taxonomie durch bestimmte Einschränkungen eine geringere Ausdrucksfähigkeit besitzt.[299]

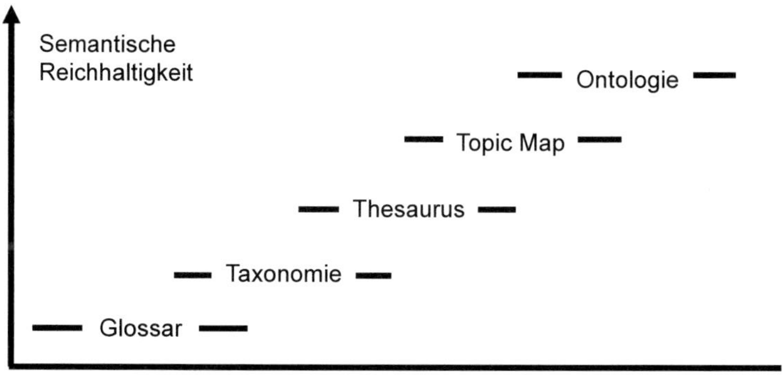

Abbildung 33: Semantische Treppe[300]

Eine *Topic-Map* erlaubt die Definition eigener Relationen und Gültigkeitsbereiche. Sie enthält *Topics* (Begriffe), *Assoziationen* (Relation zwischen Topics), *Scopes* (Gültigkeitsbereiche für Topics) und *Occurrences* (Relationen zu den für ein Topic relevanten Objekten, die auch außerhalb der Topic Map stehen können).[301]Anwendungsgebiete sind vor allem die Suchunterstützung und Navigation durch Themengebiete.

Werden nur Ähnlichkeits- und Synonym-Relationen dargestellt spricht man von einem *Thesaurus*.[302] Eine Darstellung von ausschließlich hierarchischen Beziehungen, ist die *Taxonomie*.[303] Ein *Glossar* ist eine Auflistung von

[299] Vgl. Garshol (2004), S. 88ff.

[300] In Anlehnung an Ullrich et al. (2004), S. 2; Dengel (2012), S. 92.

[301] Vgl. ISO/IEC (2002), S. 2ff.

[302] Vgl. Leitner (2006), S. 114.

[303] Vgl. Leitner (2006), S. 114.

Begriffen und deren Erklärungen ohne eine explizit festgehaltene Darstellung der Beziehungen zwischen ihnen oder anderen Begriffen.[304]

Ontologien zur Darstellung von Beziehungen allgemeiner Begriffe werden auch als generische Ontologien bezeichnet. Domänenontologien hingegen beinhalten Begriffe bestimmter Fachgebiete und werden speziell für diese entwickelt.[305] Um diese zu erstellen müssen die relevanten Begriffe zunächst identifiziert und die Relationen zwischen ihnen bestimmt werden. Ein Hinweis auf die Relevanz eines Begriffes für eine Domäne ist dessen Auftretenshäufigkeit in zugehörigen Fachdokumenten.

Erstellung von Ontologien

Um die Konsistenz einer Ontologie zu sichern müssen zu deren Aufbau Regeln vereinbart werden, wie beispielsweise die Darstellung von Konzepten und Relationen auszuführen ist.[306] Dabei können – je nach Zielsetzung der Ontologie – (generische) Methodiken[307], aber auch individuell vereinbarte Regeln verwendet werden.[308]

Für die Festlegung der Aufbau- und Abbildungsregeln muss also zunächst der Verwendungszweck und die Zielsetzung des Ontologieaufbaus definiert werden. Dies ist auch der erste Schritt in dem von USCHOLD/KING beschriebenen Prozess für die Generierung von Ontologien.[309]

[304] Vgl. El Jerroudi (2009), S. 17.

[305] Vgl. Leitner (2006), S. 114.

[306] Vgl. Weller (2006), S. 229.

[307] Vgl. z.B. Corcho et al. (2003).

[308] Vgl. Weller (2006), S. 226; In der akademischen Forschung werden in etwa zwei Dritteln der Fälle individuelle Regeln zum Aufbau von Ontologien verwendet (Cardoso (2007), S. 7).

[309] Vgl. Uschold/King (1995), S. 2ff.

Abbildung 34: Prozess der Ontologie-Entwicklung[310]

- Identifizierung von Zweck und Anwendungsgebiet

  Vor der Erstellung einer Ontologie müssen zunächst der Verwendungszweck und die Ziele der Verwendung definiert werden. Auch sollten Möglichkeiten einer späteren Erweiterung oder Wiederverwendung in diesem Schritt bedacht werden, um dies ggfs. während des Ontologie-Aufbaus zu berücksichtigen. Eventuell können auch bereits bestehende Ontologien oder Teile davon als Grundlage genutzt werden.

- Aufbau

  Der erste Schritt beim Aufbau einer Ontologie ist die Identifikation von Schlüsselkonzepten (Klassen) und Beziehungen (Relationen) des betreffenden Wissensgebiets, deren Aufbereitung und Integration in die Ontologie.

- Evaluation

  USCHOLD/GRUNINGER beschreiben allgemeine und spezifische Kriterien für die Evaluation der entstehenden Ontologie.[311] Für alle Ontologien gleichsam erstrebenswert ist die Erfüllung von formalen Kriterien, wie z.B. die Vermeidung von Redundanzen und inkonsistenten Beschreibungen.[312] Spezifische Kriterien für die Bewertung einer Ontologie hängen beispielsweise von deren Zielsetzung ab.[313]

---

310 In Anlehnung an Uschold (2006).

311 Vgl. Uschold/Gruninger (1996), S. 14.

312 Vgl. Gómez-Pérez et al. (1995), S. 293.

313 Vgl. Uschold/Gruninger (1996), S. 14.

- Dokumentation

  Abschließend muss die Ontologie festgehalten und evtl. mit den verwendeten Meta-Ontologien dokumentiert werden. Es ist sinnvoll, für die Dokumentation im Vorfeld Richtlinien festzulegen.[314]

Softwarelösungen

Die Generierung von Ontologien kann entweder manuell erfolgen oder durch Software-Lösungen unterstützt werden. Dabei reicht die Unterstützung von der Strukturierung und Visualisierung bis hin zur teil-automatisierten Extraktion der Konzepte aus Textdokumenten. Beispiele für Programme zur Ontologiebildung und -darstellung sind Mo'K workbench[315], Protégé in Kombination mit OntoLT,[316] OntoLearn[317] und Text2Onto[318], welche NLP-Verfahren nutzen um die Ontologie aus Quelltexten zu generieren.[319]

Als Vorleistung für manuelle Verfahren zur Erstellung von Ontologien können auch die Verfahren des Data bzw. Text Minings dienen. Sie bieten nützliche Werkzeuge für die Identifikation relevanter Konzepte und Relationen über deren Auftreten in für die Domäne relevanten Dokumentensammlungen. Eine Methode, Textdokumente mithilfe statistischer Methoden zu analysieren ist die Co-Occurrence-Analyse. Hier wird der Text nicht auf sprachlicher, sondern auf Worthäufigkeitsebene analysiert, welches die Automatisierung der Analyse vereinfacht. Ziel der Co-Occurrence-Analyse ist die Bestimmung der relativen Wahrscheinlichkeit des gemeinsamen Auftretens zweier Wörter innerhalb eines Kontextes. Bei dem Kontext kann es sich dabei um einen Satz, einen vordefinierten Wortabstand, oder einen Absatz handeln. Treten zwei Begriffe relativ häufig gemeinsam z.B. in Fachdokumenten einer Domäne auf, kann auf eine Relation zwischen ihnen geschlossen werden.[320]

[314] Vgl. Uschold/King (1995), S. 4.

[315] Siehe Bisson et al. (2000).

[316] Siehe Buitelaar et al. (2004).

[317] Siehe Velardi et al. (2005).

[318] Siehe Cimiano (2005).

[319] Vgl. Wang et al. (2006), S. 71.

[320] Vgl. Leitner (2006), S. 120.

3 Theoretischer Bezugsrahmen

In Kapitel 2 wurden die Grundlagen der Produktentwicklung und der Absicherungsmethoden sowie der Wissensgenerierung mithilfe von Data Mining-Techniken dargestellt. Darauf aufbauend sollen nun die Forschungsziele sowie das methodische Vorgehen dieser Arbeit vorgestellt werden.
Wie im Grundlagenteil beschrieben stellt die Absicherung einen wichtigen Teilschritt innerhalb Produktentwicklungsprozesses dar. Durch sie kann der aktuelle Entwicklungsstand bewertet werden und die so gewonnenen Erkenntnisse dienen als Basis weiterer Entwicklungsschritte.
Für die Absicherung steht eine Vielzahl verschiedener Methoden zur Verfügung und es gilt, diese möglichst effizient einzusetzen. Aus dieser Anforderung lässt sich die erste Fragestellung ableiten, die in dieser Arbeit bearbeitet werden soll:

Auf welche Weise und nach welchen Kriterien können Absicherungsmethoden bewertet und damit Verbesserungspotentiale identifiziert werden?

Absicherungsmaßnahmen zielen auf die Bewertung eines Konstruktionsstands bezüglich bestimmter Eigenschaften und Funktionen ab. Ähnlich wie im Anforderungsmanagement sind diese oft nur indirekt messbar, setzen sich aus mehreren Teil-Eigenschaften bzw. Teil-Funktionen zusammen, oder sind nur subjektiv bewertbar. Der Untersuchung und Weiterentwicklung von Absicherungsmaßnahmen geht daher die Identifikation und Beschreibung der abzusichernden Eigenschaften voraus. Daraus folgt eine weitere Fragestellung für diese Arbeit:

Wie können die für eine Domäne relevanten Produkt- und Prozesseigenschaften identifiziert und beschrieben werden?

Das Forschungsvorgehen für die Beantwortung dieser Fragen ist in die folgenden Schritte gegliedert: Zunächst wird in diesem Kapitel ein Vorgehen zur Bewertung von Absicherungsmaßnahmen erarbeitet. Dieses beinhaltet die Erweiterung des vorgestellten Modells der Absicherungsmethoden und die Ableitung eines Verfahrens zur Identifizierung relevanter Produkt- und Prozesseigenschaften. Dieses Vorgehen wird im zweiten Schritt im Rahmen einer Fallstudie in der Montageabsicherung bei einem Automobilhersteller angewendet.

Die Untersuchung soll Hinweise auf Potentiale und Schwächen der Absicherungsmethoden liefern und damit die Grundlage für die Verbesserung dieser schaffen, um einen noch effizienteren Einsatz der Methoden zu ermöglichen.

3.1 Grundlegende Modelle und Theorien

Das übergeordnete Ziel der Prozesse zur Montageabsicherung während der Produktentwicklung ist die Sicherstellung des problemfreien Zusammenwirkens des Produkts mit dem Produktionssystem in der späteren Serienproduktion.[321]

Je besser eine Absicherungsmethode bzw. ein Absicherungsmodell die zu überprüfenden Eigenschaften des Absicherungsobjekts darstellt, desto aussagefähiger ist das Absicherungsergebnis. Die Auswahl der richtigen Methode/des richtigen Absicherungsmodells ist daher äußerst wichtig. Dieser Zusammenhang ist in Abbildung 35 bezogen auf die zum Zeitpunkt des SOP zu erfüllenden Anforderungen dargestellt.

[321] Vgl. Hesse (2011).

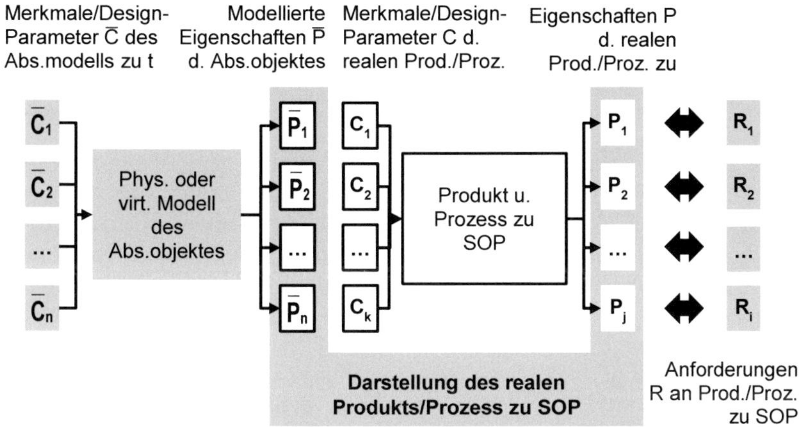

Abbildung 35: Die Aussagequalität der Absicherungsmethoden steigt mit der Darstellungsqualität der Eigenschaften des realen Produkts/Prozesses zu SOP[322]

In Abbildung 35 wird eine Absicherungsmaßnahme als ein Test oder eine Überprüfung dargestellt, die anhand eines Modells durchgeführt wird, das das Absicherungsobjekt repräsentiert. Die Merkmale/Design-Parameter $\overline{C}$ des Absicherungsmodells bestimmen dessen Eigenschaften $\overline{P}$. Ziel ist es, dass die Eigenschaften des Absicherungsmodells die Eigenschaften des Produkts/Prozesses zu SOP möglichst gut abbilden, um die Design-Parameter C des Produkts/Prozesses möglichst genau auszulegen. Die Aussagequalität einer Absicherungsmaßnahme kann über die Menge der durch das zugrunde liegende Modell dargestellten Eigenschaften und der Aussagegüte bestimmt werden.[323] So liefern Absicherungsmaßnahmen mit Bauteilen aus Serienmaterialien in der Regel verlässlichere Ergebnisse bezüglich Fragestellungen über das Verhalten des Produkts als Strukturaufbauten mit Ersatzmaterialien. Dieser Zusammenhang wird auch durch den durch WEBER beschriebenen Konfidenzfaktor ε_j (siehe Abschnitt 2.2.8.1) bzw. die „Unschärfe" erfasst. Auf eine Bewertungsmethode bezogen stellt der

[322] Quelle: eigene Darstellung in Anlehnung an Hesse (2011).

[323] Vgl. Abschnitt 2.2.2

Konfidenzfaktor (ε_j, Konfidenzfaktor bezogen auf Eigenschaft j ($0 \leq \varepsilon_j \leq 1$)) die Gewissheit des Ergebnisses einer (Absicherungs-) Methode dar und kommt damit dem hier beschriebenen Methodenattribut „Aussagequalität" gleich. Das hier im Folgenden vorgeschlagene Vorgehen kann also als Ansatz für die empirische Bestimmung dieses Konfidenzfaktors dienen.

Eine Methode kann als ein planmäßiges Vorgehen zur Erreichung eines bestimmten Ziels bzw. ein Vorgehensprinzip zur Lösung von Aufgaben definiert werden.[324] In dieser Arbeit wird für den konkreten Einsatz einer Methode auch der Begriff Maßnahme verwendet. Eine Absicherungsmethode bzw. -maßnahme hat im Kontext dieser Arbeit das Ziel, eine bestimmte Funktion oder Eigenschaft des Produkts bzw. des Produktionsprozesses zu bewerten. Dadurch sollen der aktuelle Konstruktionsstand und die geplanten Prozesse bestätigt bzw. Soll-/Ist-Abweichungen identifiziert werden. Im Rahmen der nachfolgenden Untersuchung geht es speziell um solche Eigenschaften, die in ihrer Gesamtheit die Eignung eines Produkts für die Montage in der Serienproduktion beschreiben oder durch die Montage beeinflusst werden. Das Ziel einer Absicherungsmethode ist somit ideal erreicht, wenn durch diese alle im Zusammenhang mit diesen Eigenschaften stehenden Abweichungen detektiert werden.[325] Je später im Produktenwicklungsprozess die Änderungen, die zur Problemlösung notwendig sind eingeleitet werden, desto größer ist in der Regel der Änderungsaufwand. Damit ist eine Absicherungsstrategie optimal, wenn sie ein Methodenportfolio beinhaltet, das alle Unstimmigkeiten *frühzeitig* während des Entwicklungsprozesses aufdeckt.
Zur Identifikation von Verbesserungspotentialen kann also eine Analyse der Probleme, die erst gegen Ende der Produktentwicklungsphase erkannt werden herangezogen werden und es ist damit möglich, Rückschlüsse auf die Aussagequalität der einzelnen Absicherungsmethoden zu ziehen. Voraussetzung für die Durchführung dieser Analyse ist die Verfügbarkeit von Informationen über die Absicherungsergebnisse und die entdeckten Soll-Ist-Abweichungen. Als Datenbasis kann dafür die Dokumentation des Entwicklungsprozesses und hier speziell die Dokumentation im Rahmen des Problemmanagementprozesses dienen. Die einzelnen spät detektierten Abweichungen können den eingesetzten Absicherungsmethoden zugeordnet werden und es kann daraufhin eine Einschätzung der jeweiligen

[324] Vgl. Ehrlenspiel (2013), S. 748.

[325] Vgl. Hesse/Weber (2012).

Aussagequalität getroffen werden. In der Analyse können jedoch nur Probleme und Unstimmigkeiten berücksichtigt werden, die erkannt und dokumentiert wurden. Unstimmigkeiten, die undokumentiert innerhalb des Entwicklungsprozesses behoben werden, fließen nicht in die Untersuchung ein. Trotz dieser Einschränkung kann das Ergebnis der Untersuchung als Indikator für die Aussagequalität und damit Verbesserungspotentiale der einzelnen Methoden dienen.

Die Menge der zu untersuchenden Problem- und Ergebnisdokumentation, die im Entwicklungsprozess erstellt werden ist in der Regel sehr groß und eine manuelle Auswertung damit nicht mehr effizient möglich. Es gilt also, geeignete Verfahren (z.B. aus dem Bereich Data Mining) zu finden, um die Eingangsinformationen zu verarbeiten und die Auswertungen vorzunehmen.

3.2 Vorgehen zur Analyse einer Absicherungsmethodik

Die im vorherigen Abschnitt beschriebenen Untersuchungsziele können durch die Analyse und Zuordnung von dokumentierten Abweichungen zu den Wirkbereichen der eingesetzten Absicherungsmethoden erreicht werden. Es wird dafür das folgende Vorgehen vorgeschlagen:

Bestimmung von Eigenschaften/Wirkbereichen in einer Voruntersuchung

- *Eigenschaftsbeschreibung aus Prozess-begleitenden Informationsquellen*

  Für die Bestimmung der verschiedenen Produkt-/Prozess-Eigenschaften, die sichergestellt werden müssen, können verschiedene Informationsquellen verwendet werden. Neben Darstellungen aus der Literatur können auch die im Unternehmen vorhandenen weiteren Dokumente, wie Vorgehensanweisungen etc. für die Beschreibung der für die Montage relevanten Eigenschaften nützlich sein. Daher werden auch diese in die Untersuchung einbezogen.

- *Eigenschaftsbeschreibungen aus Problemdokumentation*

  Wichtige Informationsquelle der Voruntersuchung für die Bestimmung der relevanten Eigenschaften ist die Dokumentation von während des Produktentwicklungsprozesses bewerteten Konstruktionsständen und entdeckten Zielabweichungen. Um die Dokumentation zu analysieren bietet sich aufgrund der großen Datenmenge der Einsatz von Text Mining Tools an.

- *Bildung einer Ontologie zur Darstellung der Eigenschaften*

  Auf Basis der Analyseergebnisse, den Prozess-begleitenden Informationsquellen und Hinweisen aus der Literatur lassen sich Relationen zwischen wichtigen Begriffen in Bezug auf bestimmte Entwicklungskontexte ableiten und mithilfe von Ontologien darstellen.

Analyse der Problemdokumentation von Entwicklungsprojekten

- *Zuordnung von dokumentierten Soll-/Ist-Abweichungen*

  Der zweite Teil der Untersuchung besteht in der Zuordnung von dokumentierten Problemen bzw. den Dokumentationsdateien eines Entwicklungsprojekts zu den identifizierten Eigenschaftsarten. Basierend auf dieser Zuordnung können Hinweise auf mögliche Verbesserungspotentiale abgeleitet werden. So deutet eine hohe Anzahl von dokumentierten Unstimmigkeiten, die erst spät im Entwicklungsprozess erkannt werden auf ein Verbesserungspotential in den entsprechenden Absicherungsmethoden hin.

- *Vergleich von zwei Entwicklungsprojekten*

  Die Untersuchung von Fahrzeugprojekten mit unterschiedlichen Absicherungsstrategien und der Vergleich der in diesen Projekten spät erkannten Unstimmigkeiten erlaubt weitere Aussagen über Verbesserungspotentiale in den eingesetzten Absicherungsmethoden. Generell unterscheiden sich Entwicklungsprojekte oft aufgrund von Änderungen äußerer Einflüsse in einer Reihe von Merkmalen. Um die Vergleichbarkeit der Projekte zu ermitteln sind diese Merkmale im Vorfeld zu untersuchen.

Ableitung von Verbesserungspotentialen

- Die Ergebnisse der Untersuchung geben Hinweis auf Bereiche, in denen die eingesetzten Absicherungsmethoden noch Verbesserungspotentiale aufweisen und so lassen sich daraus Handlungsempfehlungen und Entwicklungsrichtungen ableiten.

4 Praxisstudie

Im voranstehenden Kapitel wurde ein Vorgehen vorgestellt, das für die Identifikation und Beschreibung von Produkt-/Prozesseigenschaften eingesetzt werden kann und die Analyse einer Absicherungsmethodik hinsichtlich eventueller Verbesserungspotentiale ermöglicht.
In diesem Kapitel wird das in Kapitel 3 beschriebene Vorgehen zur Bewertung von Absicherungsmethoden am Beispiel der Montageabsicherung im Rahmen einer Studie bei einem Automobilhersteller angewendet. Das Unternehmen stellt an mehreren Produktionsstandorten in verschiedenen Ländern unterschiedliche Fahrzeugtypen her. Die Produktentwicklung ist ähnlich organisiert wie in Abschnitt 2.1.6 beschrieben und umfasst sowohl Entwicklungsprozesse für das Produkt als auch das Produktionssystem. Beide Entwicklungsprozesse sind stark miteinander verknüpft und umfassen entsprechende Absicherungsprozesse.
Da der Fokus der Studie auf der Montageabsicherung liegt, werden zunächst wichtige Produkt- und Prozesseigenschaften, die für eine manuelle Montage in Serie zu erfüllen sind anhand der zu Verfügung stehenden Datenquellen ermittelt und in Form einer Ontologie dargestellt. Zu den Datenquellen zählen unter anderem die Fachliteratur aus den Bereichen Montage und montagerechter Produktgestaltung und die im Entwicklungs- und Absicherungsprozess erzeugten Dokumente. In Abschnitt 4.2.1 folgt dann eine Zuordnung der in ausgewählten Fahrzeugentwicklungsprojekten dokumentierten Soll-/Ist-Abweichungen zu den zuvor identifizierten Eigenschaften, die für die Montagetauglichkeit relevant sind oder durch die Montage beeinflusst werden.[326] Das Ergebnis der Zuordnung wird dann in Abschnitt 4.2.4 als Indikator für mögliche Verbesserungspotentiale verwendet und es werden Lösungsansätze vorgeschlagen.

[326] Einige Zielabweichungen entstehen erst im Laufe des Produktentwicklungsprozesses (z.B. durch die Notwendigkeit zusätzlicher Bauteile aufgrund geänderter Anforderungen). Während der Analyse der Zielabweichungsanzahl im Zeitverlauf wird hier allerdings nicht berücksichtigt, ob eine Abweichung zum Zeitpunkt der Absicherung schon existierte und eine Entdeckung durch die Absicherungsmaßnahmen überhaupt möglich gewesen wäre.

4.1 Erstellung einer Ontologie für die Montageabsicherung

Wie in Kapitel 2.3.3 dargelegt sind in stark interdisziplinären und komplexen Unternehmensprozessen klar definierte Ontologien für die Kommunikation äußerst nützlich. Sie können außerdem im Rahmen des Wissensmanagements eingesetzt werden und z.B. die Informationsbereitstellung in Form von Wissensdatenbanken und Wikis unterstützen. Für die Erstellung einer Ontologie, die die verschiedenen Konzepte und Relationen der Serientauglichkeit bzgl. der Montage eines Produkts darstellt, sind verschiedene Datengrundlagen verfügbar. Darunter sind auch die *Informationen aus der wissenschaftlichen Literatur* und die im Unternehmen bereits verwendeten *Checklisten und Verfahrensanweisungen*. Um eventuell fehlende Eigenschaften zu identifizieren und die vorhandenen Schemata zu ergänzen, wird in diesem Abschnitt außerdem eine Analyse von *Zielabweichungsdokumentationen* aus den Entwicklungsprozessen abgeschlossener Fahrzeugprojekte durchgeführt (Abbildung 36).

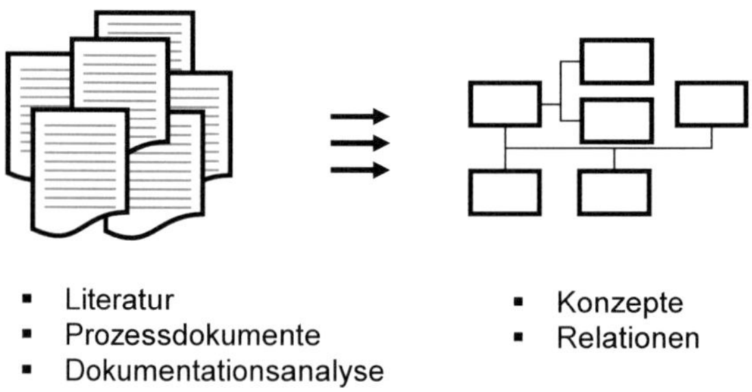

Abbildung 36: Ableitung von Eigenschaften aus verschiedenen Quellen

Bei der Analyse der Problemdokumentation werden in dieser Studie alle Arten von Zielabweichungen betrachtet, sowohl solche, die sich als Störungen des Prozesses als auch solche, die sich als Fehler des Produkts äußern.

4.1.1 Literatur und Theorie

Als erster Ansatz können aus der für die Montage relevanten Literatur erste Konzepte für die Ontologiebildung identifiziert und Eigenschaften abgeleitet werden, die für einen reibungslosen Gesamtprozess zu erfüllen sind. Dazu gehören beispielsweise die Beschreibungen von Montageoperationen und die DfM- und DfA-Richtlinien, die in Abschnitt 2.1.4.2 beschrieben wurden sowie die entsprechende Fachliteratur. Sie bilden eine gute Grundlage für die Sammlung relevanter Konzepte und Relationen für die Bildung der Ontologie für diese Domäne. Abbildung 37 zeigt einige wichtige Begriffe aus der DfM/DfA-Literatur, die mit der Eigenschaft „montagegerecht" in Zusammenhang stehen.

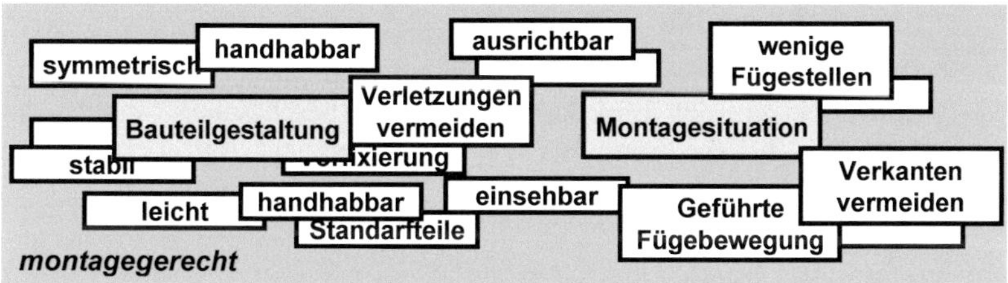

Abbildung 37: Übersicht einiger wichtiger Begriffe aus der DfM/DfA-Literatur

Aber auch die im Unternehmen verwendeten Dokumente und Checklisten sollten zu diesem Zweck betrachtet werden, da sie die für diese Domäne relevanten Begriffe enthalten.

4.1.2 Unternehmens-interne Dokumente und Checklisten

In vielen Fällen ist es sinnvoll, für häufig auftretende schwierige Fragestellungen gezielte, im Unternehmensprozess verankerte, standardisierte Anweisungen und Abfragen zu erstellen. Dies kann in Form von Konstruktionsrichtlinien, unternehmensinternen Verfahrensanweisungen und Checklisten geschehen.[327] Checklisten für die Bewertung von Konstruktionsständen bieten dem Bewertenden eine Hilfestellung und Struktur und erleichtern so die Bewertungsdurchführung, aber auch die Vereinheitlichung der Bewertungsprozesse.

Um die Verwendbarkeit einer solchen Checkliste sicherzustellen, müssen verschiedene Anforderungen erfüllt sein:

[327] Lindemann (2009), S. 202.

- **Allgemeine Anwendbarkeit**

  Die Bewertungslogik sollte auf alle zu bewertenden Umfänge gleichermaßen angewendet werden können. Dies schafft auch die Möglichkeit, die Bewertungen der einzelnen Umfänge zusammenfassen und eine aggregierte Aussage treffen zu können. Diese kann bspw. für die Projektsteuerung und das Reifegrad-management interessant sein.

- **Lösungsneutralität**

  Die Bewertungslogik darf weder explizit noch implizit auf eine Lösung hinweisen, um den Lösungsraum nicht zu beschränken (ähnlich der Vorgaben für die Formulierung von Zielen und Anforderungen in Abschnitt 2.2.8).

- **Vollständigkeit**

  Es sollten alle Aspekte der zu bewertenden Eigenschaft abgedeckt werden. Deckt die Bewertungssystematik nicht alle Bereiche ab, erschwert sich die Interpretation des Bewertungsergebnisses.

Die Nutzung einer vereinheitlichten Bewertungssystematik hat einige Vorteile, sowohl für die Kommunikation innerhalb der Unternehmens-prozesse als auch deren Unterstützung und Organisation:

- **Einheitliches Verständnis der Bewertungsaufgabe**

  Durch die Festlegung der Systematik wird der Umfang der Bewertung definiert. Sie stellt eine Detaillierung der Bewertungsaufgabe dar, die das Aufgabenverständnis und damit auch deren Durchführung erleichtert.

- **Gemeinsame Terminologie**

  Durch die Vorgabe einer Terminologie in einer unternehmensintern abgestimmten Bewertungssystematik wird die Kommunikation innerhalb der Gruppe der Bewertenden, aber auch nach außen hin vereinfacht. Informationsverluste und Fehler können vermieden werden, da die einzelnen Bewertungspunkte eindeutig bezeichnet und beschrieben sind.

- **Basis einer System-Unterstützung (Software, Berichtswesen etc.)**

  In komplexen Organisationsstrukturen, wie sie zwangsläufig in der Entwicklung und Produktion von Serienfahrzeugen entstehen, ist eine IT-Unterstützung von Prozessen in der Regel unumgänglich. Für die Speicherung, Weiterverarbeitung und Weiterleitung von Bewertungsinformationen und Untersuchungsergebnissen stellt eine klare Strukturierung der Informationen eine notwendige Voraussetzung dar. Aber nicht nur IT-Systeme, sondern auch prozessuale Strukturen können auf dieser Basis aufgebaut werden. Zum Beispiel kann die Aufbau- bzw. Ablauforganisation danach ausgerichtet werden, indem einzelne Organisationseinheiten oder Prozessschritte bestimmte Punkte der Bewertungssystematik fokussieren.

- **Bildung von Indikatoren für die Reifegradbestimmung**

  Die Reife eines Produkts oder Prozesses lässt sich nicht direkt erfassen, sondern nur auf Basis von Indikatoren abschätzen. Für ein Objekt, das im Laufe der Entwicklung mehrfach mithilfe der gleichen Bewertungssystematik und damit bezüglich der gleichen Eigenschaften bewertet wird, können die Bewertungsergebnisse über die Zeit als Reifeindikatoren dienen. Je genauer und vollständiger dabei die einzelnen Eigenschaften beschrieben sind, desto besser können sie als Hilfsgrößen für Reifeaussagen eingesetzt werden und als definierte Größe über die Zeit betrachtet werden.

In dem in dieser Fallstudie betrachteten Unternehmen werden zu den Bewertungszeitpunkten verschiedene Absicherungsmaßnahmen durchgeführt. Für die Bewertung der Tauglichkeit des Produkts für die Montageprozesse wird u.a. die in Tabelle 4 dargestellte Checkliste verwendet.

Absicherungsbereich	***Fragestellung/Zielzustand***
Kollisionsfreiheit in verbautem Zustand und während der Montage	Bauräume u. Einbaupfade für Bauteile, Greifräume u. Freiraum für Werkzeuge sind vorhanden.
Freigängigkeit beweglicher Teile	Kollisionsfreiheit bei vorhergesehenen Bewegungen von Bauteilen ist gegeben.
Ausrichtkonzept	Ein eindeutiges und robustes Ausrichtungskonzept ist vorhanden.
Befestigungskonzept/Festsitz	Befestigungskonzepte sind für den Serieneinsatz geeignet.
Demontage-/ Nacharbeitsmöglichkeiten	Eine Demontage ist im Nacharbeitsfall möglich.
Optik/Wertigkeit	Äußeres Erscheinungsbild und Oberflächen in Sichtbereich erfüllen den Wertigkeitsanspruch.
Prozesskompatibilität und Einhaltung von Unternehmensstandards	Die Stimmigkeit mit dem (vorhandenen bzw. geplanten) Produktionssystem ist gegeben.
Fehleranfälligkeit Produkt (z.B. Korrosionsgefahr)	Mögliche Fehlerquellen des Produkts sind identifiziert und behoben.
Fehleranfälligkeit des Prozesses (z.B. Verwechslungsgefahr)	Mögliche Fehlerquellen im Montageprozess sind identifiziert und behoben.
Vermeidung von bekannten Produkt-/Prozessschwächen	Bekannte Fehler/Schwächen sind vermieden (Rückführung von Erfahrungen).
Einfluss von Bauteil- und Montage-Toleranzen	Toleranzketten müssen unter Berücksichtigung der Montagetoleranzen zu geeigneten Ergebnissen führen.

Tabelle 4: Absicherungsbereiche aus verwendeten Checklisten

Einige der in Tabelle 4 aufgezeigten Themen wurden bereits in 4.1.1 genannt, andere spiegeln die organisatorische Ausrichtung und die Erfahrung der Organisationseinheit wider, aus der die Checkliste erarbeitet wurde.
Erfüllt ein Konstruktionsstand nicht die geforderten Eigenschaften, wird diese Abweichung dokumentiert und weiter bearbeitet, wobei weitere Dokumente erzeugt werden.

4.1.3 Daten aus Problemdokumentationen

Neben den im Unternehmen verwendeten Checklisten und Verfahrensanweisungen kann auch die Dokumentation des Produktentwicklungsprozesses als Datenquelle dienen. Diese wird in vielen Unternehmen von Änderungs- und Problemmanagement-IT-Systemen unterstützt. Abweichungen des Produkts in den Zieleigenschaften oder Änderungen der Anforderungen führen zu Konstruktions- oder Prozessänderungen. Diese Änderungen werden i.d.R. in einem Engineering-Change-Management-System (ECMS) kommuniziert, bewertet und dokumentiert. Eine Auswertung dieser Datenquelle könnte also für die hier verfolgte Zielsetzung ebenfalls eine gute Datenbasis sein. In dem in dieser Fallstudie betrachteten Unternehmen ist das ECMS allerdings so gestaltet, dass nur Änderungen erfasst werden, die die Kunden-relevanten Eigenschaften des Produkts direkt betreffen oder zu einer Veränderung der geplanten Kosten führen (z.B. bei Materialänderungen oder dem Einbringen zusätzlicher Befestigungselemente). Eine geringfügige oder kostenneutrale Geometrie-Anpassung wird also oft nicht dokumentiert. Eine Alternative zu der Betrachtung der Änderungen bietet die Dokumentation von Zielabweichungen bzw. Problemen. In dem in dieser Untersuchung betrachteten Unternehmen wird ein Problem-Management-System (PM-System) genutzt, über das alle auftretenden Abweichungen vom Soll-Zustand dokumentiert werden und diese zur Analyse und Lösung an die entsprechenden Verantwortlichen adressiert. Die Datenbank enthält auch die Abweichungsbeschreibungen durch die Montageabsicherungsexperten in Freitextform und beinhaltet damit deren Terminologie. Aus diesen Gründen wurde die PM-Datenbank dem ECMS des Unternehmens für diese Untersuchung vorgezogen. Im Folgenden soll daher das PM-System und dessen Inhalt detaillierter betrachtet werden.

Das Resultat einer Absicherungsmaßnahme ist die Bewertung eines Konstruktionsstandes basierend auf einer Untersuchung des Absicherungsmodells. Das Ergebnis dieser Bewertung kann in verschiedenen Formen ausfallen.

- Das Absicherungsmodell ermöglicht einer Aussage über die Konstruktion (bzw. den Entwurf) und das Produkt erfüllt alle Anforderungen. Die technische Lösung kann somit bestätigt werden.
- Das Absicherungsmodell stellt die zu bewertende Eigenschaft nicht ausreichend dar und es kann keine Aussage getroffen werden.

- Das Absicherungsmodell ermöglicht die Aussage, dass das Produkt nicht die geforderten Eigenschaften erfüllt. In diesem Fall werden die Bewertungsergebnisse im PM-System dokumentiert und die Konstruktion durchläuft eine weitere Iterationsschleife.
- Das Absicherungsmodell ermöglicht eine Aussage und das Produkt erfüllt alle technischen Anforderungen, doch das Gesamtergebnis ist trotzdem nicht zufriedenstellend. Eine Überarbeitung der Anforderungen und konstruktive Änderungen sind dann notwendig. Auch in diesem Fall ist eine Dokumentation des Ergebnisses erforderlich und dient als Basis für die nächste Iteration im Entwicklungsprozess.

In den beiden zuletzt genannten Fällen entsteht eine Vielzahl von Informationen und Dokumenten zur Problembeschreibung, welche in dem hier betrachteten Unternehmen in das Problem-Management-System eingespeist werden, das während des Entwicklungsprozesses als Grundlage der Organisation des Problemlösungsprozesses dient. So werden die erkannten Probleme, erarbeiteten Lösungen und Maßnahmen und auch deren Terminierung für alle relevanten Akteure transparent.
Die Datenobjekte enthalten jeweils verschiedene Bausteine. Diese sind unter anderem

- die Zuordnung des Dokuments zu einem bestimmten Projekt und Konstruktionsstand,
- die Zuordnung des Problems zu einem Modul (Baugruppe)
- die Problembeschreibung in Freitextform,
- die Bewertung der Auswirkungsschwere,[328]
- das Datum der Meldung und ggfs.
- Anhänge (Bilder, Grafiken, Text-, Audio- oder Video-Dateien).

Für die Untersuchung sind hier die Problembeschreibungen und die Projektzuordnung am wichtigsten. Die Problembeschreibungen enthalten die Schlüsselwörter, die die Abweichungen zwischen Ist- und Soll-Zustand

[328] Die Schwere der Auswirkung lässt sich in vielen Fällen nur näherungsweise quantifizieren. Die Abschätzung ist vergleichbar mit der Bewertung der „Bedeutung der Fehlerfolge“ für die Ermittlung der Risikoprioritätszahl für FMEAs.

darstellen oder umschreiben und in dieser Analyse extrahiert werden sollen.[329]
Für die Analysen wurde dem in Abschnitt 2.3.1 vorgestellten Prozess gefolgt.

Datenauswahl
Im ersten Schritt wurden als Eingangsgröße der Textanalyse Datensätze aus der Abweichungsdokumentation bereits abgeschlossener Fahrzeug-Projekte verwendet. Der Betrachtungszeitraum beginnt dabei jeweils mit der frühen Phase des Entwicklungsprozesses und endet mit dessen Übergang in die Produktionsphase. Etwa sechzehntausend Einzeldokumentationen aus verschiedenen Fahrzeugprojekten wurden in den im Folgenden beschriebenen Untersuchungen verwendet. Die Daten lagen in Form einer Microsoft Excel-Datei vor, wobei jede Zeile einen Datensatz (ein Dokument) darstellt.

Pre-Processing
In diesem Schritt wurden zunächst die Daten auf fehlende Werte oder Abweichungen wie z.B. die Verwendung von Fremdsprachen in den Freitexten überprüft und gegebenenfalls korrigiert. Die Modul-Zuordnungen wurden von einer Darstellung als Zahlencode in Textform umgewandelt. Für die folgenden Vorbereitungsschritte eignen sich verschiedene Software-Lösungen aus dem Bereich Data bzw. Text Mining. Für diese Untersuchung wurde RapidMiner eingesetzt. Diese Software ist eines der am häufigsten verwendeten Programme für Data und Text Mining Aufgaben, und zeichnet sich durch dessen intuitive Bedienbarkeit aus.
Über die Nutzeroberfläche des Programms ist eine Prozessentwicklungsansicht („Design Perspective“) und eine Ergebnis-Ansicht („Result Perspective“) anwählbar. In der Entwicklungsansicht wird der Data Mining-Prozess modelliert. Die einzelnen Bausteine eines Analyseprozesses werden dabei durch verschiedene Blocksymbole repräsentiert, die zur Prozessmodellierung ja nach Bedarf per Drag-and-Drop-Methode angeordnet werden können. Die Weitergabe von Eingangs- bzw. Ausgangsgrößen zwischen den Prozessbausteinen wird in Form von Verbindungslinien visualisiert. Die Prozessentwicklungsansicht ist in Abbildung 38 dargestellt.

[329] Ein Beispiel für eine Problembeschreibung ist im Anhang zu finden. Die Anhänge der Problembeschreibungen enthalten überwiegend Bild- und Video-Dateien und werden im Rahmen dieser Arbeit nicht betrachtet, da dafür geeignete automatisierte Auswertungsmethoden fehlen.

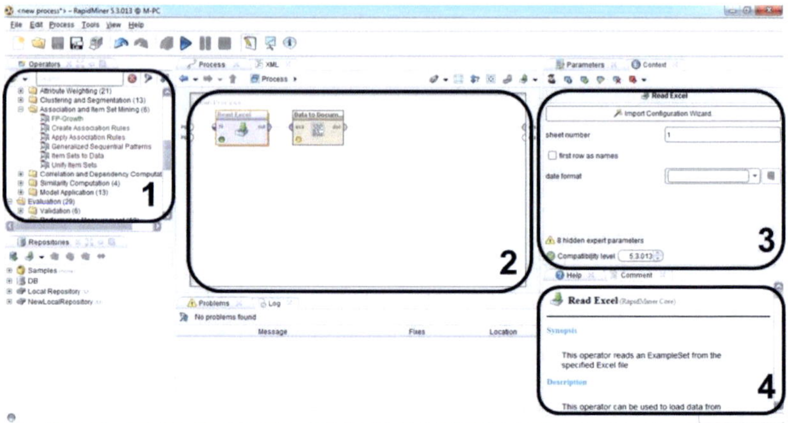

Abbildung 38: Ansicht der Entwicklungsansicht von RapidMiner

Der erste markierte Bereich in Abbildung 38 enthält eine Listenansicht der verfügbaren Prozessbausteine. Diese können im zweiten Bereich mithilfe von Blocksymbolen angeordnet werden. Gegebenenfalls notwendige Parameterveränderungen können für die einzelnen Prozessbausteine über den dritten Bereich vorgenommen werden, wobei die in Bereich 4 angezeigten Prozessbeschreibungs- und Hilfetexte als Unterstützung dienen können. In Abbildung 39 ist beispielhaft ein Text Mining Prozess mit verschiedenen Prozessbausteinen dargestellt.

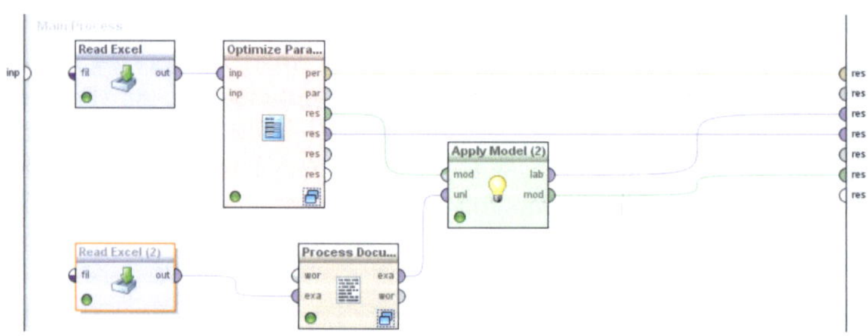

Abbildung 39: Beispiel eines Text Mining Prozesses in RapidMiner

Die Datensätze werden über den ersten Operator „Read Excel“ aus der Quelldatei in den Prozess geladen. Jede Zeile der Datei beinhaltet dabei einen Datensatz, d.h. eine Problembeschreibung. In der nachfolgenden Abbildung ist der Prozess der Datenvorbereitung (Pre-Processing) dargestellt. Nach dem Einlesen der Daten aus einer Excel-Datei werden die Daten transformiert. Dabei wird mit der Funktion *Transform Cases* die Groß-/Kleinschreibung vereinheitlicht. Anschließend wird der Text in einzelne Bausteine (Tokens) zerlegt. Um die Problematik verschiedener Wortendungen (z.B. aufgrund von Formulierungen in Singular- oder Pluralform oder verschiedener Deklinationen) zu lösen, wurde die Methode *Stemming* eingesetzt. Hierbei wird jeweils die Endung eines Tokens entfernt, also eine Stammform-reduktion durchgeführt.[330]
Durch die Filterung von sog. *Stop-Words* können hochfrequente Wörter wie Artikel oder Präpositionen aus dem Betrachtungsumfang ausgeschlossen werden.[331]

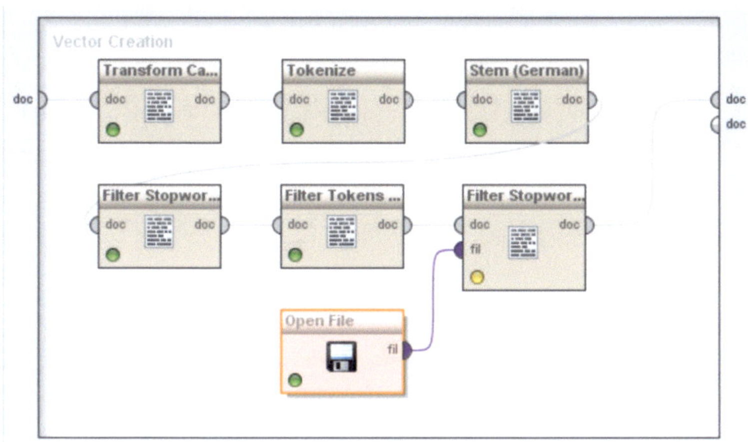

Abbildung 40: Datenvorbereitung in RapidMiner

RapidMiner stellt Stop-Word-Listen in deutscher Sprache zur Verfügung, die jedoch nach einem ersten Durchlauf des Prozesses durch eine zweite Stop-

[330] Vgl. Rehm (2003), S. 445.

[331] Vgl. Rehm (2003), S. 445.

Word-Liste ergänzt wurde, um weitere, für diese Untersuchung irrelevante Begriffe wie z.B. Namen von Ansprechpartnern herauszufiltern. Ziel der Analyse ist die Identifikation von Beschreibungen von Eigenschaften, die der serientauglichen Produkt-Prozess-Abstimmung bezogen auf die Montage zugeordnet werden können. Daher werden andere Begriffe, beispielsweise Bauphasen- oder Meilensteinbezeichnungen (z.B. SOP) hier nicht fokussiert betrachtet, sondern ausschließlich diejenigen Begriffe, die im Zusammenhang mit einer Eigenschaft oder deren Nichterfüllung stehen.

Analyse der (relativen) Auftretenshäufigkeiten der Begriffe in dem Datensatz

Um wichtige Begriffe in den Zielabweichungsbeschreibungen zu identifizieren, wurden die *Term Occurrenc*e (also die Auftretenshäufigkeit) für die einzelnen Wörter ermittelt. Als Wort (oder auch *Token*) wird hier jede zusammenhängende (nicht durch Leer- oder Sonderzeichen getrennte) Zeichenkette verstanden. Als Ergebnis werden die absolute Wort-Häufigkeit sowie die Anzahl der Dokumente, in denen das jeweilige Wort vorkommt, angezeigt.

Ein Auszug der Analyseergebnisse ist in der folgenden Tabelle dargestellt. Hier wurden mithilfe der Auftretenshäufigkeit wichtige Begriffe für das Themenfeld identifiziert.

Begriffe mit hoher Auftretenshäufigkeit		
Montage	Festsitz	Einklemmen
Verbaubar	Versetzt	Überlänge
Fehlt	Abdichtung	Störgeräusch
Ausreichend	Korrosion	Fehlfunktion
Spaltabdeckung	Positionierung	Position
Befestigung	Schwirren	Bauraum
Verrastung	Überstand	Kontaktierbar
Passung	Versatz	Verwechslungsgefahr
Prozesssicher	Knarzen	Akustik
Wellig	Kraft	Abstand
Kollision	Optik	Arretierung
Toleranz	Stabilität	Serientauglich
Beschädigung	Spannung	Spalt
Undicht	Verclipsung	Stabil
Störgeräusche	Spaltbild	Aufwand
Abdichten	Dichtheit	…

Tabelle 5: Häufig auftretende im untersuchten Datensatz auftretende Begriffe

In dem hier untersuchten Datenset ist die Vielfalt der relevanten Begriffe sehr hoch und die Häufigkeit der Begriffsnennung schwankt sehr stark.[332]

Interpretation der Ergebnisse

Als Ergebnis der Analyse wurden Begriffe gefunden, die mit hoher relativer Häufigkeit in den Problembeschreibungen genannt werden. Die Art der Begriffe sowie deren Beziehung zu anderen Begriffen können jedoch nur durch eine tiefergehende Analyse bestimmt werden. So können die häufig auftretenden Begriffe beispielsweise mithilfe von Cluster-Bildung zu Konzepten zusammengefasst werden (siehe 2.3.2). Eine weitere Möglichkeit der Weiterverarbeitung der Ergebnisse bieten auch die Klassifikationsmethoden. Problembeschreibungen können so automatisiert bestimmten Kategorien zugeordnet werden.

[332] Für manche Analysen ist auch die Betrachtung seltener Muster bzw. Begriffe mit geringer Auftretenswahrscheinlichkeit interessant. Siehe hierzu Liu et al. (1999), S. 337.

Cluster-Bildung

Texte können mithilfe von RapidMiner Clustern mit ähnlichem Inhalt zugeordnet werden. Für die Untersuchung wird dem in Abschnitt 2.3.1 vorgestellten Vorgehen gefolgt. Das Datenset wurde bereits entsprechend vorbereitet und die Methoden zur Cluster-Identifikation können nun über RapidMiner darauf angewendet werden. Das Programm stellt dafür verschiedene Verfahren zur Verfügung. Für diese Untersuchung wurde der k-Means-Algorithmus mit k=10 verwendet, um zehn Cluster zu erzeugen. Die einem Cluster zugeordneten Problembeschreibungen wurden anschließend manuell analysiert, um Überbegriffe für die jeweiligen Cluster zu finden. Abbildung 41 zeigt die Prozessschritte der Cluster-Bildung in RapidMiner.

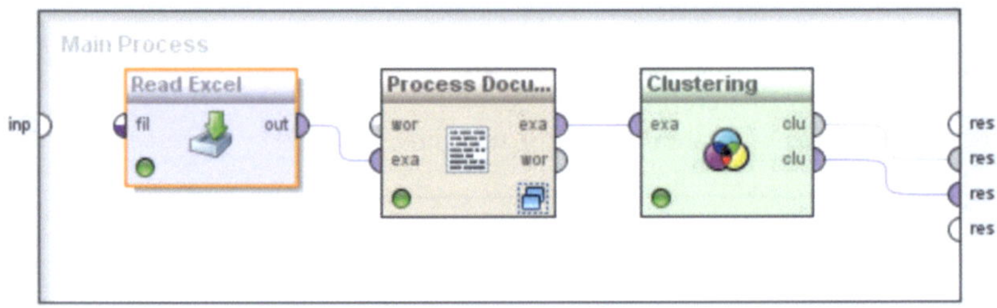

Abbildung 41: Cluster-Bildungsprozess in RapidMiner

Die durch den Algorithmus ermittelten Dokumenten-Cluster können bestimmten Themenschwerpunkten zugeordnet werden. Die nachfolgende Tabelle zeigt die innerhalb der identifizierten Cluster häufig auftretenden Begriffe und daraus abgeleiteten Schwerpunkte.

Cluster Nr.	Begriffsbeispiele	Themenschwerpunkt
1	DyKo (dyn. Korrosionstest)	Korrosion
2	Demontage, Verschraubungszugänglichkeit	Verbaubarkeit
3	Spalt, ungleichmäßig, keilig, Blende	Anmutung, Optik
4	Unterstand, Himmel, wellig, Spalt	Anmutung, Optik
5	Verwechslungsgefahr, Kennzeichnung, Stecker	Fehlhandlungssicherheit
6	Knackgeräusch, Schwirren, lose	Geräusch/Akustik
7	Passung, Verkleidung, Säule	Anmutung, Optik
8	Undicht, Dichtung, Tülle	Dichtheit
9	Beschädigung, Einklemmen, KBB	Fehlhandlungssicherheit
10	Montage, schwer, Verrastung, verbaubar, Clip	Verbaubarkeit/Ergonomie

Tabelle 6: Identifizierte Cluster mit Begriffsbeispielen

Die Dokumenten-Cluster lassen sich verschiedenen Themengebieten bzw. Eigenschaften zuordnen.

4.1.4 Konsolidierung der ermittelten Begriffe zur Problembeschreibung

Für die Darstellung der zuvor erarbeiteten Ergebnisse als Ontologie wurde die frei verfügbare Software Protégé verwendet. Dies ist ein von der von der Stanford University entwickelter Ontologie-Editor, der ursprünglich für die Darstellung von Ontologien im medizinischen Bereich konzipiert wurde. Mithilfe des Programms konnten die durch die zuvor beschriebenen Analysen ermittelten Konzepte und Zusammenhänge zwischen diesen maschinenlesbar aufbereitet werden. Die nachfolgende Abbildung zeigt eine Ansicht der so kreierten Ontologie auf Konzept-Ebene. Die Konzepte stammen aus der theoretischen Beschreibung von Montageprozessen, den hier untersuchten Checklisten und der Textanalyse.

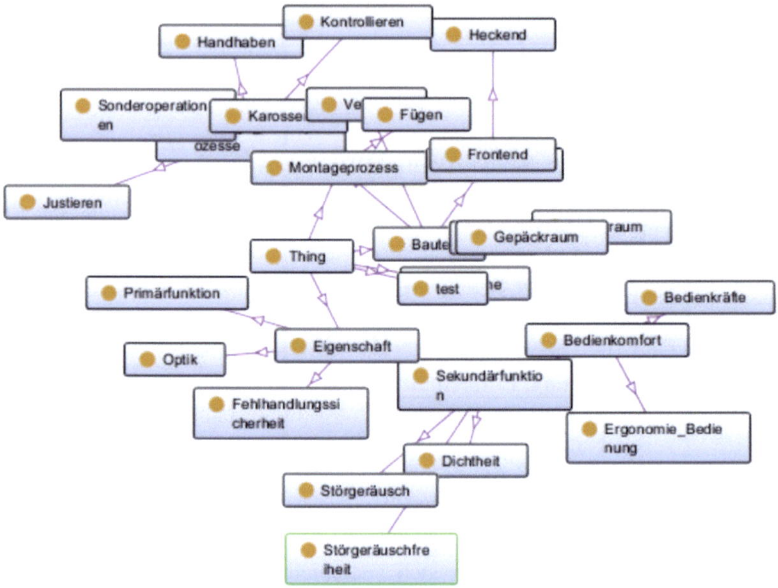

Abbildung 42: Auszug der Ontologie für die Montageabsicherung

Die in Abbildung 42 auszugsweise dargestellte Ontologie beinhaltet eine große Anzahl von Konzepten. Die Abbildung zeigt beispielhaft die Zusammenhänge zwischen verschiedenen Arten von Konzepten, wie Bauteilen, Eigenschaften und Montagevorgängen.

Die übergeordneten Konzepte, die Eigenschaften der montagerechten Konstruktion darstellen, lassen sich unter Berücksichtigung der Ergebnisse aus Abschnitt 4.1.1 und 4.1.2 folgendermaßen zusammenfassen:

Geometrische Stimmigkeit

Geometrische Stimmigkeit wird dann erreicht, wenn keine Kollisionen und falsche Positionierungen oder relativen Abständen von Bauteilen vorliegen, die entweder konstruktionsbedingt sind oder aufgrund eines unstimmigen Produktionsprozesses entstehen. Die Prüfung der geometrischen Stimmigkeit kann anhand von Konstruktionsdarstellungen in Zeichnungen und CAD-Daten oder mithilfe von physischen Modellen geschehen. Generell sind hier vor allem die in der Konstruktionslage benachbart positionierten Bauteile relevant.

Fehlhandlungssicherheit
Stabile Prozesse in der Montage müssen so gestaltet sein, dass die Fehlermöglichkeiten auf ein Minimum reduziert sind. Vor allem bei hohen Produktionsstückzahlen müssen Produkt und Montageprozesse entsprechend gestaltet sein. Ein Beispiel für ein Risiko von Montagefehlern ist die Verwechslungsgefahr ähnlicher Bauteile, die ohne eindeutiges Unterscheidungsmerkmal im gleichen Montagetakt verbaut werden. Hier könnte das Fehlerrisiko reduziert werden, indem die Montage durch die Geometrie der Anbindungspunkte nur für die richtige Variante möglich ist.

Verbaubarkeit/Montierbarkeit
Diese Eigenschaft ist gegeben, wenn ein Bauteil ohne Kollisionen zu montieren ist. Dabei sind der Einbaupfad, Greifräume, Freiräume für Werkzeuge und Handlingsgeräte zu berücksichtigen. Auch die Fügekräfte sind für die manuelle Montage ein zu berücksichtigender Faktor. Eine eingeschränkte Montierbarkeit kann zu Verzögerungen im Montageablauf führen, oder die Montage des Bauteils komplett verhindern.

Erscheinungsbild (Wertigkeit/Anmutung)
Nach der Montage sollen die Bauteile gewissen Anforderungen bezüglich Optik und Haptik genügen. Eine Abweichung kann hier beispielsweise konstruktiv, durch Materialfehler oder mangelnde Abstimmung von Montageprozess und Produkt (also z.B. unzureichende Ausrichtkonzepte und daraus resultierenden Montagefehlern) entstehen. Beispiele für Abweichungen, die das Erscheinungsbild beeinträchtigen sind u.a. ungleichmäßige Spaltbilder zwischen Bauteilen und Welligkeiten oder Wölbungen.[333]

Sekundäre Produkteigenschaften/-funktionen
Als sekundäre Produkteigenschaften bzw. -funktionen werden hier solche bezeichnet, die durch den Kunden nur im Falle der Nicht-Erfüllung wahrgenommen werden und damit den Produktwert für diesen senken. So

[333] Auch die Eigenschaft „Erscheinungsbild“ könnte strenggenommen unter die „sekundären Produkteigenschaften“ gezählt werden, wird aber in dieser Fallstudie separat betrachtet.

wird ein Kunde von einer Fahrzeugtür nicht bewusst Wasserdichtheit fordern, ein Eindringen von Regenwasser in die Fahrgastzelle wird jedoch zu Reklamationen führen. Weitere Beispiele für solche Eigenschaften sind Störgeräuschfreiheit, Stabilität und Schwingungsfreiheit.

Diesen Eigenschaftskategorien lassen sich die vielen Eigenschaften zuordnen, die für die für die Montage relevant, oder durch diese beeinflusst werden. Eine Darstellung dieser Ergebnisse in Form einer Ontologie vereinfacht die Untersuchung von Zusammenhängen zwischen den Eigenschaften und z.B. Bauteilen oder Prozessen. Außerdem kann eine Verwendungsmöglichkeit solcher Eigenschaftsstrukturen in der Ableitung von Bewertungs- und Kennzahlensystemen liegen und damit zur Unterstützung des Reifegrad-managements dienen.

4.1.5 Einsatz für das Reifegradmanagement

Die Reife eines Produkts oder eines Projekts setzt sich aus verschiedenen Eigenschaften zusammen, die für die Darstellung des Reifegradverlaufs im Vorfeld definiert sein müssen. Mithilfe des zuvor beschriebenen Vorgehens lassen sich Eigenschaften definieren und die Relationen zwischen diesen und anderen Konzepten darstellen. Dies ist nicht nur für den Aufbau von unterstützenden IT-Systemen und der Festlegung einer gemeinsamen Terminologie hilfreich, sondern auch für die Detaillierung des Reifegrads bezogen auf bestimmte Eigenschaften. In dieser Fallstudie wird nach einer Möglichkeit gesucht, die Reife der Tauglichkeit eines Produkts für die manuelle Montage darzustellen. Die in Abschnitt 4.1.4 beschriebenen Ergebnisse dienen dafür als Basis. Außerdem wurde noch die Einhaltung von Unternehmensstandards bezüglich Montagekonzepten in die Bewertung einbezogen. Die Bewertungen aus den Absicherungsmaßnahmen dieser Eigenschaften sollen in Form einer aggregierten Kennzahl dargestellt werden. Dafür wurde zunächst der Prozess für die Erfassung der Bewertungen und deren Abbildung in numerischer Form erarbeitet. Eine kontinuierliche Erfassung der Bewertung wäre optimal, um jederzeit einen aktuellen Überblick über das Produkt zu ermöglichen, allerdings ist dies mit großem personellen Aufwand verbunden. Daher wurde hier eine monatliche Abfrage der Bewertung gewählt. Die Auswahl dieser Taktung wurde unter anderem aufgrund der relevanten Steuerungs- und Berichtsprozesse im Unternehmen getroffen, in deren Rahmen der Status der Projekte regelmäßig berichtet wird.

Für die Bewertung der einzelnen Betrachtungsumfänge wurde eine mehrstufige Bewertungsskala verwendet. Dafür wurden die qualitativen Aussagen über die Montagegerechtheit – ähnlich wie bei einem Benotungssystem – numerischen Werten zugeordnet. Ein hoher Wert stellt dabei eine gute Erfüllung der zu bewertenden Eigenschaft dar. Die Bewertungsergebnisse werden dann im nächsten Schritt gewichtet und arithmetisch aggregiert, um einen Gesamtwert für das Projekt zu erhalten. Die Gewichtung ist dabei nicht linear gewählt, sondern betont schlechte Bewertungen überproportional stark.
Eine Bewertung ist auf verschiedenen Ebenen (z.B. Gesamtprodukt, Modul oder Bauteil) möglich. Das detaillierteste Ergebnis würde sich durch die Erfassung der Bewertung auf Bauteilebene ergeben, doch aufgrund der Vielzahl von Bauteilen und zur Vereinfachung des Vergleichs verschiedener Produkte, wurde hier die Bewertung festgelegter Untersuchungsumfänge vereinbart (z.B. Türen, Frontend, Interieur).[334]
Die Darstellung der Bewertungsergebnisse kann entweder direkt durch die Rohdaten oder durch abgeleitete Größen erfolgen. Abgeleitete Größen können für die aggregierte Darstellung verschiedener Informationen günstiger sein und die Visualisierung vereinfachen.
Für die Entwicklung einer Kennzahl zur Beschreibung der Montagetauglichkeit, die im Rahmen dieser Fallstudie betrachtet wurde, wurden verschiede Darstellungs- und Aggregationsmöglichkeiten untersucht. Diese sind nachstehend in Form eines morphologischen Kastens dargestellt. Die ausgewählten Varianten eines Gestaltungsmerkmals sind jeweils unterstrichen dargestellt.

[334] Ein Vergleich von zwei Fahrzeugprojekten wäre bei einer Bewertung auf Bauteilebene schwieriger, da nicht alle Bauteile in allen Fahrzeugen vorhanden sind. Dies sind bspw. typenspezifische Bauteile wie die Komponenten eines Cabriolet-Verdecks.

Gestaltungs-merkmale	Varianten				
Aufteilung d. Bewertungs-umfänge	Bauteil Ebene	**Unterstruktur (def. Betrach-tungsumfänge)**	Modul		
Bewertungs-skalierung	Nominal	Ordinal	**kardinal: Intervall**	kardinal: Verhältnis	absolut
Daten-darstellung	Rohdaten	Bewertung zum Zeitpunkt t	**Bewertungen im Zeitverlauf**		
Aggregations-Art	Keine (nur Rohdaten)	Summen	Geometr. Aggregation	**Lineare Aggregation**	
Gewichtung	Keine Gewichtung	Hervorhebung wichtiger Komponenten	**Hervorhebung der Schwere der Themen**		
Normierung	Keine Normierung	**Normierung**			
Zielkorridor	Kein Ziel-korridor	Zielwert (kein Zeitbezug)	Linearer Zielhorizont über Zeit	**Phasen-abhängiger Zielkorridor**	

Tabelle 7: Gestaltungsmerkmale der Bewertungsdarstellung

Die Bewertungssystematik wurde gleichzeitig für alle Projekte eingeführt, die sich zu dieser Zeit in der Entwicklungsphase befanden. Nach einer Laufzeit von etwa einem Jahr wurde die zunächst als linear angenommene Zielkurve aufgrund der gesammelten Kennzahlenwerte in einen Phasen-abhängigen Zielkorridor gewandelt, da dies eine realistischere Abbildung des Reifeverlaufs ermöglichte. Abbildung 43 stellt dieses Vorgehen schematisch dar.

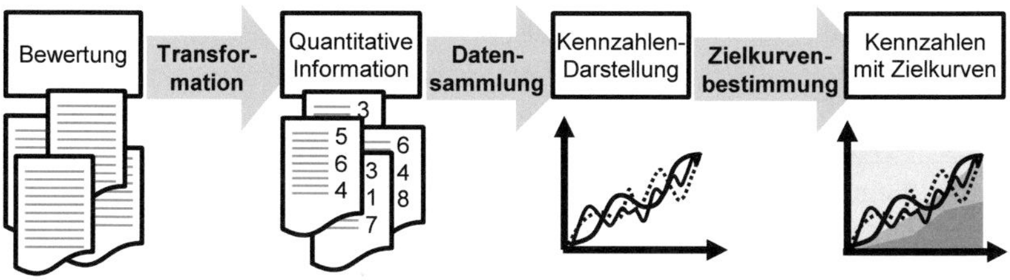

Abbildung 43: Vorgehen zur Kennzahlenermittlung und -darstellung

Außer den Reviews der Zielkurven wurde auch die Berechnungslogik und der Bewertungsprozess, also die Eingliederung in die Unternehmensprozesse regelmäßig hinterfragt. Dazu wurden sowohl die Bewertenden (Inputgeber) als auch die Verwender der Kennzahl aus der Projekt- und Abteilungssteuerung befragt.

Aus der Untersuchung ergaben sich die folgenden Erkenntnisse für die Gestaltung von Reifegradkennzahlen:

- **Die Nachvollziehbarkeit der Kennzahl (zu messende Eigenschaft, Datengrundlage und Berechnungsmethoden) ist wichtig für die Akzeptanz der Kennzahl im Unternehmen:** Die klare Definition der Eigenschaft, die durch die Kennzahl abgebildet wird, ist sehr wichtig für die Etablierung dieser in den Unternehmensprozessen und für die Vermeidung von Fehlinterpretationen. Auch die Transparenz der Datengrundlage und das Berechnungsschema einer Kennzahl hat Einfluss auf deren Akzeptanz innerhalb des Unternehmens. Die subjektive Wahrnehmung eines Einzelnen über die Reife eines Produkts oder Projekts kann stark von den aggregierten Kennzahlenwerten abweichen, wenn dessen subjektives Gewichtungsschema von dem der Kennzahl abweicht. Daher muss dieses transparent gemacht werden. Auch wird die Kennzahl nachvollziehbarer, je direkter sie mit der Datengrundlage verbunden ist. Komplizierte Berechnungswege sind daher zu vermeiden.
- **Die Maßstäbe für die Bewertungen, aus denen die Kennzahl abgeleitet wird, müssen einheitlich sein:** Schon während der Bewertung muss darauf geachtet werden, ob es sich um eine Prozessgröße oder um eine Zustandsgröße handelt, da sich damit der

Bewertungsmaßstab ändert. Generell kann bei subjektiven Bewertungen, die in einer nummerischen Skala dargestellt werden sollen, die Beschreibung der Bewertungsskala anhand von Beispielen hilfreich sein.

- **Eingliederung in die Unternehmensprozesse:** Die Erstellung der Kennzahl sollte nach Möglichkeit aus den bestehenden Unternehmensprozessen heraus erfolgen, um den Erfassungsaufwand möglichst gering zu halten. Zur Reduzierung des Erfassungsaufwands kann auch ein geeignetes IT-System hilfreich sein.
- **Umgang mit „No-Go-Kriterien“:** Einzelne Themen können sehr schwerwiegend sein. Das bedeutet, die Abweichung muss zwingendermaßen behoben werden, um das Projekt umzusetzen. Wie solche Themen in der Projektgesamtsicht dargestellt werden, muss mit Sorgfalt betrachtet werden. Beispielsweise können bei einer Mittelwertbildung über mehrere Bewertungen sehr niedrige Werte durch sehr hohe Werte ausgeglichen werden. Es ist daher möglich, dass selbst außergewöhnlich scherwiegende Abweichungen in der Durchschnittsbildung zu einem unauffälligen Gesamtwert führen.

4.2 Untersuchung von Fahrzeugprojekten mit unterschiedlichen Absicherungsstrategien

Ein wichtiges Ziel für ein Produktentwicklungsprojekt ist es, bis Produktionsstart alle Produkt-Prozess-Abstimmungsprobleme zu lösen und eine effiziente Fertigung sicherzustellen. Je später Unstimmigkeiten und Probleme erkannt werden, desto schwieriger ist in der Regel deren Lösung. Änderungen an Bauteilen sind in dieser Phase meist mit hohen Kosten verbunden und initiieren eine weitere Absicherungsschleife. Um dies zu vermeiden, wird bereits in den früheren Produktentwicklungsphasen großer Wert auf die Fertigungs- und Montage-gerechte Produktgestaltung und deren Absicherung gelegt. Die trotz dieser Fokussierung erst spät erkannten Produkt-Prozess-Abstimmungsprobleme können auf eine Schwachstelle in der Auswahl oder Gestaltung der Absicherungsmethode hinweisen. Um diese Schwachstellen zu identifizieren, wird im zweiten Teil dieser Studie zunächst die Abweichungsdokumentation untersucht und die jeweiligen Eigenschaftskategorien der spät erkannten Probleme ermittelt. Auf Basis der Ergebnisse kann eine Aussage über die Verbesserungspotentiale der verwendeten Absicherungsmethoden abgeleitet werden. Dabei gilt: Eine hohe Anzahl von spät entdeckten Soll-/Ist-Abweichungen deutet auf ein Verbesserungspotential in den zuvor ausgeführten Absicherungsmethoden hin. Eine geringe Anzahl lässt darauf schließen, dass die Absicherungsmethoden adäquate Erkenntnisse für die Weiterverarbeitung im Entwicklungsprozess ergeben haben.

4.2.1 Rückführung von spät erkannten Problemen zu Eigenschaftsgruppen

Die in Abschnitt 4.1.4 beschriebenen Ergebnisse dienen als Grundlage für die Analyse des Fahrzeugprojekts A. Das Analyseziel ist dabei, die Verteilung der spät im Entwicklungsprozess erkannten Probleme zu ermitteln und auch deren Entdeckungszeitpunkte über die Zeit darzustellen.
Im Verlauf des Projekts A wurden große Mengen Information in Form von einzelnen Datenbankeinträgen zur Abweichungsdokumentation in dem Problemmanagementsystem hinterlegt. Durch die Anwendung von Klassifikationsmethoden lassen sich diese (teil-)automatisiert Kategorien zuweisen. Der manuelle Aufwand der Analyse der Informationen kann so stark reduziert werden, trotzdem ist im ersten Schritt die Mitwirkung von (menschlichen) Experten notwendig, um das Klassifikationsmodell zu erstellen. Dazu wurde der vorhandene Datensatz bearbeitet und die Problembeschreibungen im Rahmen einer Expertenbefragung den zuvor in Abschnitt 4.1.4 identifizierten Kategorien zugeordnet. Der Datensatz konnte so für die Generierung und Validierung des Klassifikationsmodells verwendet werden.
Nach einer Untersuchung der Abweichungsdokumentation konnten 67 Prozent aller dokumentierten Probleme den oben genannten Kategorien zugeordnet werden. Die verbleibenden Soll-Ist-Abweichungen sind auf außergewöhnliche externe Umstände wie beispielsweise Maschinenschäden oder Fehler in den zugelieferten Bauteilen zurückzuführen.
Abbildung 44 zeigt die Verteilung der Abweichungen auf die verschiedenen Eigenschaftskategorien.

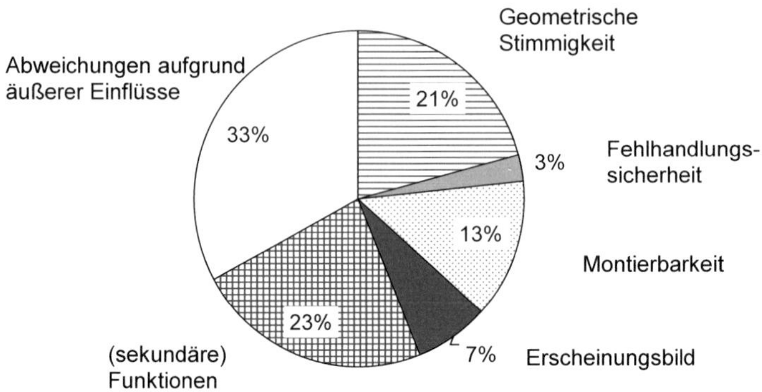

Abbildung 44: Verteilung auf Eigenschaftskategorien (mit Berücksichtigung äußerer Einflüsse)[335]

Wie in der obenstehenden Abbildung gezeigt wird, ist die Geometrische Stimmigkeit mit 21 Prozent der dokumentierten Abweichungen eine häufig betroffene Eigenschaft. Auch die (sekundären) Produkteigenschaften sind mit 23 Prozent eine oft betroffene Kategorie.
Abbildung 45 stellt den prozentualen Anteil der dokumentierten Abweichungen in den verschiedenen Eigenschaften über die Entwicklungszeit dar.

[335] Siehe Hesse/Weber (2012), S. 933.

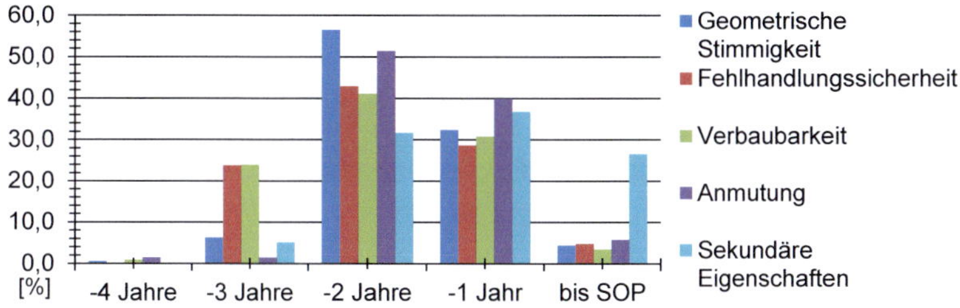

Abbildung 45: Prozentuale Verteilung der Abweichungen über die Eigenschaften und den Zeitverlauf[336]

Aus den in Abbildung 45 dargestellten Daten lässt sich schließen, dass die Absicherungsmaßnahmen für die Detektion von Problemen im Bereich der sekundären Eigenschaften noch Verbesserungspotential aufweisen, da hier noch spät im Entwicklungsprozess viele Abweichungen dokumentiert werden. Dies lässt auf einen erhöhten Bedarf an entsprechenden Absicherungsmethoden schließen. Daher soll diese Problemkategorie näher betrachtet werden. Die nachstehende Tabelle zeigt eine Detaillierung der unter der Kategorie (sekundäre) Produkteigenschaften zusammengefassten Ziel-Abweichungen, die in dem untersuchten Datensatz dokumentiert wurden.

[336] Prozentangaben bezogen auf die Gesamtzahl der Abweichungen pro Kategorie.

(Sekundäre) Produkt-eigenschaften u. Funktionen	Störgeräusche
	Usability/Bedienkomfort
	Dichtheit
	Festsitz/Stabilität
	Produktfunktionen
	Sonstige

Tabelle 8: Produkteigenschaften und -funktionen

In dem betrachteten Datensatz wurden unter der Kategorie (sekundäre) Produkteigenschaften vor allem Störgeräusche dokumentiert. Auch in den Kategorien Festsitz und Stabilität von Bauteilen wurden Abweichungen festgestellt.
Mögliche, unausgeschöpfte Potentiale in der Absicherung dieser Funktionen sind jedoch nur ein Teil der Begründung für die späte Entdeckung von Defiziten des Produkts in diesem Bereich. Da diese Funktionen durch ein komplexes System von Einflussgrößen und Design-Merkmalen bestimmt werden, sind Aussagen über diese sehr stark von dem Grad der Ausdetaillierung des Gesamtsystems abhängig.

Durch die manuell erfolgte Zuordnung der Kategorien zu den einzelnen Datenobjekten (dokumentierten Abweichungen) des Datensatzes kann dieser für die Erstellung eines Klassifikationsmodells verwendet werden, um automatisiert Kategorien zu anderen, unbekannten Datenobjekten zuzuordnen. Dafür bietet RapidMiner verschiedene Algorithmen zur Klassifikation an, wie unter anderem Naive Bayes oder k-NN. Abbildung 46 zeigt den in RapidMiner modellierten Klassifikationsprozess mit einem Naive Bayes Klassifikator.

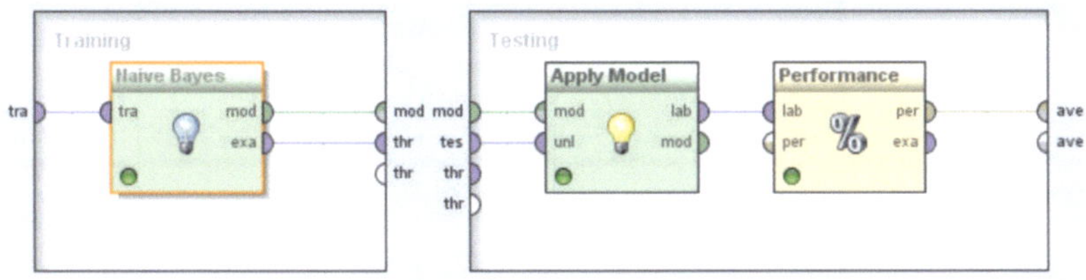

Abbildung 46: Klassifikationsprozess in RapidMiner

Der Prozess beinhaltet neben dem Trainingsteil auch einen Testteil („Testing"), der einen Baustein zur Messung der Genauigkeit („Performance") des Klassifikationsmodells enthält. Die Genauigkeit des Modells wird durch dessen Anwendung auf eine Teilmenge der Eingangsdaten ermittelt, die im Vorfeld für diesen Zweck aus der Erstellung des Modells ausgenommen wurden. Zur Quantifizierung der Klassifikationsgenauigkeit können die zwei Maße *Class Precision* (die Anzahl der korrekt klassifizierten Datenobjekte in einer Klasse geteilt durch die Gesamtanzahl der dieser Klasse zugeordneten Objekte) und *Class Recall* (die Anzahl der korrekt klassifizierten Datenobjekte in einer Klasse geteilt durch die tatsächlich zu dieser Klasse gehörenden Objekte) verwendet werden. In der folgenden Tabelle sind die durch das Modell vorhergesagten Klassen (pred.) und die tatsächlichen Klassen (true) aufgetragen. In den Feldern ist jeweils die Anzahl der betroffenen Fälle angegeben. Auf der Diagonalen sind die korrekt prognostizierten Klassen, oberhalb und unterhalb der Diagonalen die fehlerhaft klassifizierten Datenobjekte angegeben.

	true Erschei-nungs-bild	true Montier-barkeit	true Geometr. Stimmig-keit	true Fehlhand-lungssi-cherheit	true Funktion	class precision
pred. Erscheinungsbild	51	6	9	1	3	72.86%
pred. Montierbarkeit	12	190	41	13	62	59.75%
pred. Geometr. Stimmigkeit	33	51	194	26	77	50.92%
pred. Fehlhand-lungssicherheit	0	2	0	84	2	95.45%
pred. Funktion	6	28	28	11	543	88.15%
class recall	50.00%	68.59%	71.32%	62.22%	79.04%	

Tabelle 9: Class Precision und Class Recall

Die 543 der 687 Fälle (also 79%) aus der Kategorie Funktion wurden durch das Modell korrekt zugeordnet. 88% der durch das Modell als Funktion vorausgesagten Fälle gehören tatsächlich dieser Kategorie an. Für diese Kategorie ist das Modell ausreichend genau, während die Fälle für die Kategorien Montierbarkeit und Geometrische Stimmigkeit weniger genau zugeordnet wurden.[337]

Die Genauigkeit des Modells hängt stark von dem ausgewählten Klassifikator und den Prozessparametern ab. Für die hier untersuchten Eingangsdaten führte der Einsatz des k-NN-Klassifikators (mit k=15) zu einem genaueren Ergebnis als unter Verwendung des Naive Bayes Algorithmus.

Das so erstellte Klassifikationsmodell kann im Folgenden auf weitere Datensätze angewendet werden, um diese automatisiert zu klassifizieren. Für die Kategorien Montierbarkeit und Geometrische Stimmigkeit sollte die automatisierte Zuordnung jedoch (manuell) überprüft werden.

[337] Die beiden Maße Recall und Precision können maximal den Wert 1 (bzw. 100%) annehmen. In dieser Arbeit wird das dargestellte Modell als ausreichend für die weitere Verwendung als Unterstützung bei der Datenauswertung betrachtet. Weiterführende Studien könnten aber die Performance des Klassifikationsmodells noch weiter erhöhen, um den manuellen Nacharbeitsaufwand bei zukünftigen Auswertungen zu reduzieren.

4.2.2 Vergleich von zwei Projekten mit unterschiedlichen Absicherungsstrategien

Um die unterschiedliche Wirkung verschiedener Absicherungsmethoden genauer zu untersuchen, werden in diesem Abschnitt zwei Fahrzeugentwicklungsprojekte miteinander verglichen, die sich in ihrer Absicherungsstrategie stark unterscheiden. Da sich auch einige Rahmenbedingungen der beiden Projekte unterscheiden (Produktanforderungen, Projektteam etc.), muss zunächst die Vergleichbarkeit der beiden Projekte diskutiert werden. Bereits aus der Definition des Begriffs „Projekt" als ein Vorhaben, das sich in Wesentlichen durch die Einmaligkeit der Bedingungen in ihrer Gesamtheit auszeichnet,[338] lässt sich die Schwierigkeit erkennen, einen Vergleich zwischen Projekten zu ziehen. Um vergleichbare Projekte für die folgenden Untersuchungsschritte zu identifizieren ist also zunächst die Erarbeitung der Unterscheidungsmerkmale notwendig.

4.2.3 Unterscheidungsmerkmale von Fahrzeugprojekten

WIßLER nennt in seiner Arbeit fünf Unterscheidungsmerkmale von Produktentwicklungsprojekten (siehe Tabelle 10): Die Komplexität des Produkts, die Laufzeit des Projekts, die Anzahl der in das Projekt involvierte Mitarbeiter, den Neuheitsgrad und die örtliche Verteilung der Entwicklung.[339]

[338] Vgl. DIN 6990; Fur weitere Definitionen des Begriffs "Projekt" siehe auch Mintzberg (1983).

[339] Vgl. Wißler (2005), S. 31.

Merkmale des Produkt-entwicklungs-projekts	**Ausprägungen**		
Komplexität des Produkts	Geringe Anzahl bzw. Verschiedenheit von Bauteilen u. Verbindungen	Mittlere Anzahl bzw. Verschieden-heit von Bauteilen u. Verbindungen	Hohe Anzahl bzw. Verschiedenheit von Bauteilen u. Verbindungen
Laufzeit des Projekts	Projektlaufzeit < 1 Jahr	Projektlaufzeit 1-2 Jahre	Projektlaufzeit > 2 Jahre
Anzahl involvierter Mitarbeiter	Mitarbeiteranzahl < 20	Mitarbeiteranzahl 20-50	Mitarbeiteranzahl > 50
Neuheitsgrad in Entwicklung und Produktion	Weiterentwicklung	Neuentwicklung: Technologie umfassend bekannt	Neuentwicklung: Technologie
Örtliche Verteilung der Entwicklung	Gemeinsames Projekthaus	Konzentration auf einen Standort	Verschiedene Standorte

Tabelle 10: Typologie von Produktentwicklungsprojekten nach Wißler[340]

Die Unterscheidungsmerkmale in der voranstehenden Tabelle beziehen sich auf Produktentwicklungsprojekte im Allgemeinen. In dieser Fallstudie ist die Vergleichbarkeit der untersuchten Entwicklungsprojekte jedoch vor allem hinsichtlich der Absicherung der Montierbarkeit sicherzustellen. Daher sind die Unterscheidungsmerkmale, deren Ausprägungen die Absicherung beeinflussen besonders wichtig. Um diese zu identifizieren wurde im Rahmen dieser Studie ein Workshop mit erfahrenen Spezialisten[341] aus dem Bereich der Montageabsicherung durchgeführt. Es sollten dabei alle möglichen Projektmerkmale ermittelt werden, die sich auf die Produkt-Prozess-Abstimmung eines Produkts auswirken können. Dazu wurden zunächst mit

[340] In Anlehnung an: Wißler (2005), S. 31.

[341] An dem Workshop nahmen insgesamt fünfzehn Experten mit zwischen 15 und 25 Jahren Berufserfahrung im Bereich Produktion und Absicherung teil.

allen Teilnehmern ein Brainstorming durchgeführt und dann in Kleingruppen diskutiert. Das Ergebnis ist in Tabelle 11 dargestellt.

	Merkmal	Beschreibung
Produkt	**Neuheitsgrad**	Anteil Übernahme-/Neuteile (Kommunalität)
	Komplexität des Produkts	Die Komplexität des Produkts spiegelt den technischen Gesamtschwierigkeitsgrad wider
Produktion	**Standort**	Unter diesem Kriterium sind verschiedene Standorteigenschaften zusammengefasst (u.a. Anlagen, Infrastruktur)
	Erfahrung	Produktion: Anlauf- und Serienerfahrung des Produktionsstandorts werden in diesem Punkt zusammengefasst
Projekt		Projekt: Dieses Kriterium beschreibt die Erfahrung des Projektteams (z.B. bzgl. Prozessen, Methoden, Vorgängerprojekten) von Start der Entwicklung bis Produktionsstart
	Konzeptreife	Offene Entscheidungen

Tabelle 11: Zusammenfassung der im Workshop ermittelten Entwicklungsprojektmerkmale

Als Ergebnis der ersten Workshop-Phase konnten verschiedene Merkmale unterschieden werden. Diese lassen sich in die Kategorien Produkt, Produktion und Projekt unterteilen. Produktmerkmale umfassen die Charakteristika des Fahrzeuges (wie z.B. Innovationsgrad), während Produktionsmerkmale das Produktionssystem beschreiben, in dem das Produkt hergestellt werden soll (z.B. Standort). Projektmerkmale beschreiben organisationale Faktoren.

Der *Neuheitsgrad* bezeichnet in dieser Untersuchung den Anteil von Neuteilen bzw. neuen Konzepten. Der Begriff der Komplexität wurde in Abschnitt 2.1.5.2 definiert und ist hier auch ein Treiber technischen Schwierigkeitsgrads der Zielerreichung, also der Erfüllung aller technischen Anforderungen. Das Merkmal *Komplexität des Produkts* beschreibt hier sowohl die Komplexität der Bauteile und deren Verbindungen, als auch die der Anforderungen an das Produkt und geht damit über die

Merkmalsbeschreibung[342] von WISSLER hinaus. In die Kategorie Produktion fällt das Merkmal *Standort*, das verschiedene Untermerkmale repräsentiert.[343] Diese sind beispielsweise die Art/Leistungsfähigkeit der Anlagen oder die Infrastruktur. Das Merkmal *Erfahrung* lässt dich sowohl in den Bereich Produktion als auch Projekt einordnen und steht für die Erfahrung und die verfügbaren Methoden des jeweiligen Projektteams während der Produktentwicklung und des Serienanlaufs. Das Merkmal *Konzeptreife* ist eine Darstellung der Präzision und Stabilität der Zielanforderungen. Sind diese aufgrund von volatilen (äußeren) Einflüssen (beispielsweise Gesetzesänderungen oder Sourcing-Politik) häufigen Änderungen unterworfen, kann dies zu späten Konzeptentscheidungen führen.[344]

4.2.3.1 Conjoint-Analyse zur Priorisierung der Unterscheidungsmerkmale bzgl. Einfluss auf die notwendige Absicherungsintensität[345]

Die Prognose des Absicherungsbedarfs eines Entwicklungsprojekts basiert in der Regel auf Erfahrungswerten und Risikoeinschätzungen und richtet sich nach den Ausprägungen verschiedener Merkmale der Entwicklungsprojekte. Bei etablierten Produktionsunternehmen entsteht diese Erfahrung u.a. durch Vorgängerprojekte. Fertigungsspezialisten entwickeln so über die Jahre Expertise über die Risiken von Entwicklungsprojekten aus Produktionssicht und können dadurch den Bedarf an Absicherungsmaßnahmen für ein Projekt ableiten. Die in den Workshops ermittelten relevanten Projektmerkmale nehmen auf den Absicherungsbedarf in unterschiedlicher Weise Einfluss. Die Gewichtung, die ein Produktionsexperte einem Merkmal implizit beimisst, ist

---

[342] Vgl. Wißler (2005), S. 31.

[343] Im Kontext dieser Untersuchung wurden zum einen die betriebswirtschaftlichen, kulturellen und technischen Faktoren eines Standorts und zum anderen dessen geographische Entfernung zum Entwicklungszentrum, in dem auch die Absicherungsabteilung angesiedelt ist, betrachtet. Die räumliche Verteilung der Entwicklungsprozesspartner wird u.a. von Buchholz (1996), S. 219 als Einflussgröße auf den Produktentwicklungsprozess und speziell auf dessen Dauer genannt. Außerdem zeigen Studien, dass die räumliche Entfernung von Mitarbeitern die Kommunikation untereinander hemmt (vgl. Carmel (1999), S. 54, Picot et al. (1988), S. 126).

[344] Vgl. Köhler (2009), S. 2.

[345] Der Begriff „Absicherungsintensität" ist hier als der Aufwand (personell, zeitlich (Dauer), Ressourcen, Kosten), der durch die Absicherung eines definierten Umfangs entsteht und diesem direkt zurechenbar ist.

jedoch sehr schwer zu ermitteln. Eine direkte Befragung ist unter Umständen nicht aussagekräftig, da eine explizite Auseinandersetzung mit der Kriteriengewichtung teilweise zu einer Anpassung der Gewichtung an äußere Vorgaben, Vorurteile und einer Beeinflussung durch Gruppeneffekte[346] führt. Für die Ermittlung der Gewichtung wurde aus diesem Grund die Conjoint-Analyse gewählt.

Die Conjoint-Analyse ist ein Verfahren zur Bestimmung von Präferenzen von Personen bezüglich einzelner Produktmerkmale. Ziel ist es dabei, den Beitrag der Merkmale zum Gesamtnutzen des betrachteten Objekts bzw. gegebenenfalls der Kaufentscheidung zu bestimmen.[347] Ein Beispiel für eine Fragestellung wäre, welche Produktmerkmale für eine bestimmte Kundengruppe bei der Kaufentscheidung eines Regenschirms den größten Einfluss hat: die Farbe (rot/blau) oder das Modell (Knirps/Langschirm). Den Versuchspersonen sollen nun Produkte (oder Repräsentationen dieser) mit den verschiedenen Ausprägungen der Merkmale in allen Kombinationen in eine Präferenzrangfolge bringen. In diesem Beispiel ergeben sich vier (fiktive) Produkte. Aus der Rangfolge kann nun der Einfluss der einzelnen Merkmale auf den Produktnutzen berechnet werden.
Das Verfahren wurde erstmals durch LUCE/TUKEY vorgestellt, und hat sich zu einem bekannten Werkzeug für die Untersuchung von Kundenwünschen entwickelt. Die wesentliche Überlegung ist dabei, dass die Bedeutung der einzelnen Produktmerkmale und deren Ausprägungen für den Kunden nicht einzeln, sondern über die Betrachtung des Gesamtprodukts bewertet werden. Das Verfahren wird hier – in abgewandelter bzw. **invertierter** Form – für die Ermittlung von Merkmalsausprägungen verwendet, die bei den befragten Produktionsspezialisten ein **Risikoempfinden** hinsichtlich der Produktionstauglichkeit der Fahrzeugprojekte auslösen.

Die Conjoint-Analyse wurde von LUCE/TUKEY entwickelt und 1971 das erste Mal für die Ermittlung von Kundenpräferenzen eingesetzt.[348] Für die Analyse werden zunächst die zu betrachtenden (Produkt-)Merkmale festgelegt, die in bestimmten Ausprägungen vorliegen können. Die verschiedenen Ausprä-

---

[346] Siehe u.a. van Avermaet (2002), S. 476ff.

[347] Vgl. Backhaus et al. (2016), S. 19.

[348] Siehe Luce/Tucey (1964) und Green/Rao (1971).

gungskombinationen werden als Stimuli bezeichnet.[349] Da die Untersuchung und Bewertung jeder möglichen Ausprägungskombination sehr umfangreich werden kann, empfiehlt sich die Bestimmung eines reduzierten Designs. Dies ist eine Teilmenge der Stimuli, die die Gesamtheit möglichst gut repräsentiert.[350] Die Bestimmung kann mithilfe eines Statistikprogramms wie beispielsweise „PASWConjoint“[351] vorgenommen werden.
Die Conjoint-Analyse ist damit ein für die Marktanalyse interessantes Werkzeug zur Extraktion von Kundenpräferenzen bezüglich bestimmter Produktmerkmale. In dieser Fallstudie soll das Verfahren jedoch zur Ermittlung von Risikoeinschätzungen eingesetzt werden. Dafür wurde das zuvor beschriebene Verfahren entsprechend angepasst. Die an dem Workshop teilnehmenden Fertigungsspezialisten wurden gebeten, auf Basis der zuvor identifizierten Projektmerkmale (Kommunalität, Komplexität, Standort, Erfahrung des Werks, Konzeptreife) erstellten Stimuli (fiktive Fahrzeugprojekte) nach ihrem **Risiko für die Integration in die Montageprozesse** zu ordnen. Es wurden für jede der fünf Projektmerkmale vier mögliche Ausprägungen angenommen. Aufgrund der hohen Anzahl an Kombinationsmöglichkeiten wurde ein reduziertes Set an fiktiven Fahrzeugprojekten für die Bewertung erzeugt.
Ein hohes Risiko für die Produktion bedeutet auch einen hohen Absicherungsbedarf. Die nach ihrem Risiko zu ordnenden Fahrzeugprojekte wurden für diese Untersuchung durch Karten repräsentiert, auf denen die einzelnen Ausprägungen der Merkmale dargestellt waren,[352] und den Versuchspersonen vorgelegt. Diese ordneten die fiktiven Projekte nach ihrem individuellen Empfinden von „geringes Risiko für die Produktion, normale/reduzierte Absicherungsaktivitäten ausreichend“ zu „hohes Risiko, intensive Absicherung notwendig“. Die verschiedenen resultierenden Rangfolgen wurden mithilfe des Statistikprogramms SPSS analysiert und damit der Einfluss der einzelnen Merkmale auf das Risikoempfinden ermittelt.

---

[349] Vgl. Brusch et al. (2002), S. 203; Backhaus et al. (2016), S. 522.

[350] Vgl. Backhaus et al. (2016), S. 526.

[351] Das Programm ist je nach Programmversion auch unter dem Namen „SPSS Conjoint“ bekannt.

[352] Die Karten sind im Anhang dieser Arbeit zu finden.

Abbildung 47 zeigt den Gruppendurchschnitt der Untersuchungsergebnisse. Demnach hat die „Bauteil-Kommunalität“ bzw. der „Neuheitsgrad“ einer Entwicklung den größten (44%) und der Grad der „Erfahrung“ den kleinsten Einfluss (10,5%) auf die Einschätzung des Projektrisikos aus Produktionssicht.

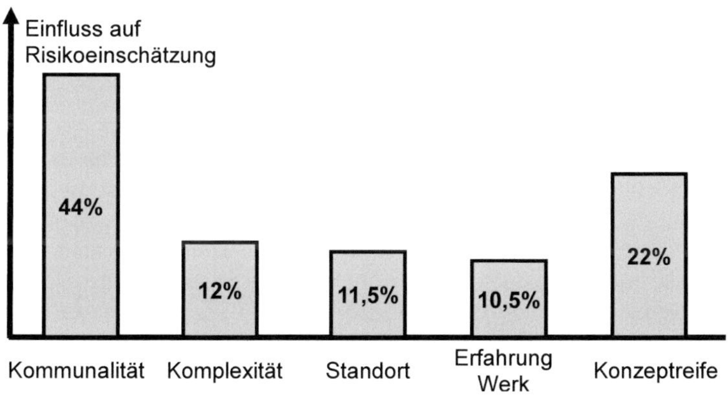

Abbildung 47: Ergebnisse der Conjoint Analyse

Die Ergebnisse betonen den Gleichteil- bzw. Neuteilumfang („Kommunalität“) als wichtigsten Einflussfaktor auf den Absicherungsbedarf, welches sich auch plausibel erklären lässt. Bereits in anderen Fahrzeugen in Serie verbaute Bauteile benötigen weniger Absicherungsaktivitäten als Neuteile. Des Weiteren zeigen die Untersuchungsergebnisse, dass der Einfluss der Merkmale Komplexität, Standort und Erfahrung ähnlich eingeschätzt werden und damit kein Merkmal vernachlässigbar ist. Die ermittelten Ergebnisse wurden den beteiligten Personen in einem Workshop präsentiert und mit ihnen diskutiert. Die individuelle Einschätzung bezüglich des Einflusses der Faktoren auf das Gesamtrisiko wich in Einzelfällen von den aggregierten Ergebnissen in Abbildung 47 ab, konnte aber von der Mehrheit der Beteiligten bestätigt werden.[353]

[353] Weitere Erläuterungen zu dieser Untersuchung sind Anhang dieser Arbeit zu finden.

Ergänzt durch die von WIßLER vorgeschlagenen Merkmale ergibt sich das folgende Merkmalsprofil für die Beschreibung von Entwicklungsprojekten: die Laufzeit des Projekts, die Anzahl der in das Projekt involvierte Mitarbeiter, die örtliche Verteilung der Entwicklung, Kommunalität bzw. Neuheitsgrad, Komplexität, Erfahrung und Konzeptreife.

4.2.3.2 Merkmale der Vergleichsprojekte für die Studie

Um die Vergleichbarkeit der beiden hier betrachteten Fahrzeugprojekte zu diskutieren, werden diese anhand der zuvor identifizierten Projektmerkmale diskutiert.

- **Laufzeit des Projekts:** Bei Projekt A handelt es sich um ein Entwicklungsprojekt mit einer klassischen Absicherungsstrategie mit mehreren Prototypen-Bauphasen. Das mit besonderer Betonung der Absicherung anhand virtueller Modelle entwickelte Projekt B hat eine etwas kürzere, jedoch vergleichbare Projektlaufzeit (Entwicklungsdauer).
- **Anzahl der in das Projekt involvierten Mitarbeiter:** Die Teamgrößen können aufgrund der Aufbauorganisation des Unternehmens (Matrix-Organisation) als weitestgehend festgelegt und damit zwischen einem Entwicklungsprojekt und dessen Nachfolger als ähnlich angenommen werden.
- **Örtliche Verteilung der Entwicklung:** Beide Projekte wurden am gleichen Standort entwickelt.
- **Gleichteilumfang:** Der Anteil der zu einem anderen Produkt kommunalen Umfänge von Projekt A entspricht in etwa dem von Projekt B und betrifft den gleichen Bauteilumfang.
- **Komplexität:** Bei den Fahrzeugen handelt es sich um den gleichen Fahrzeugtyp, wobei Projekt B Projekt A auf dem Markt ablöst. Die beiden Projekte wurden nicht gleichzeitig, sondern in Folge entwickelt.
- **Standort:** Der Produktionsstandort beider Fahrzeuge ist gleich, auch die Werksstrukturen sind vergleichbar.
- **Erfahrung Werk:** Der hier betrachtete Fahrzeugtyp der beiden Vergleichsprojekte wurde bereits zuvor an diesem Standort produziert.
- **Konzeptreife:** Beiden Vergleichsprojekten gingen jeweils Projekte voraus, die die maßgeblichen Konzepte bereits beinhalteten. Die

unterscheidenden Umfänge sind in beiden Vergleichsprojekten gleich. Es kann also davon ausgegangen werden, dass die Konzeptreife beider Projekte vergleichbar ist.

Die Ausprägungen der beiden hier betrachteten Entwicklungsprojekte sind in der Mehrheit der relevanten Merkmale vergleichbar. Daher wird für die nachfolgende Untersuchung eine Vergleichbarkeit der Projekte angenommen.

Für die beiden Projekte sind unterschiedliche Absicherungsstrategien gewählt worden. Während für Projekt A eine Vielzahl von Hardware-Prototypen aufgebaut wurde, wurde bei Projekt B der Fokus auf virtuelle Absicherung und einzelne, aber hochwertige Ersatzmodelle gelegt.

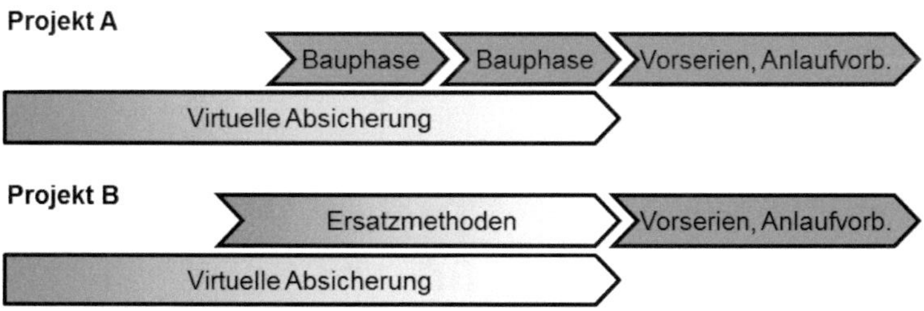

Abbildung 48: Vergleich der Absicherungsstrategien von Projekt A und B

Zur Absicherung der Montage von Projekt B wurden verschiedene Absicherungsmethoden angewendet, die auf Virtual Reality- und Mixed Reality-Ansätzen oder einzelnen Prototypen-Bauteilen aus Ersatzmaterialien basieren, und auf einen Aufbau von physischen Prototypen in größerer Stückzahl verzichtet. Die ersten physischen Produkte in seriennahen Prozessen wurden erst kurz vor Beginn der Vorserie aufgebaut.
Die Ersatzmethoden zur Montageabsicherung von Projekt B sind u.a. die folgenden:

- partieller Aufbau des Fahrzeugs mit sehr hochwertigen Prototypenteilen unter Zuhilfenahme von Rapid Technologien,
- Engineering Design Reviews (vgl. Abschnitt 2.2.3.2),
- Simulation des Fahrzeugbaus (Virtual und Mixed Reality Ansätze),
- verschiedene Arten von Detail-Simulationen (Einbaupfade, Ergonomie etc.),
- Simulationen des Bauteilverhaltens während des Montagevorgangs,

- Detaillierte Bewertung der virtuellen Darstellung des Fahrzeugs in den einzelnen Stadien des Verbaus.

4.2.3.3 Vergleich

Der Unterschied der Absicherungsstrategien der beiden Projekte bestand in erster Linie in dem reduzierten Aufbau physischer Absicherungsmodelle (Gesamtfahrzeuge) bei Projekt B. Vergleicht man die beiden Projekte A und B bezüglich der Anzahl der Probleme in den verschiedenen Eigenschaftskategorien, werden in beiden Projekten in der Kategorie der *sekundären Produkteigenschaften* noch nahe SOP viele Themen entdeckt und dokumentiert.

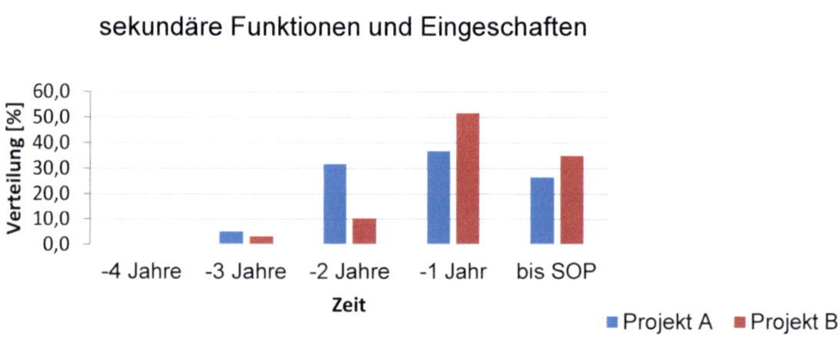

Abbildung 49: Vergleich der prozentualen Verteilung dokumentierter Soll-/Ist-Abweichungen der Projekte A und B in der Kategorie „Sekundäre Eigenschaften und Funktionen" über die Zeit

Abweichungen in den Kategorien Fehlhandlungssicherheit und Verbaubarkeit werden in Projekt B erst relativ spät erkannt. Hier liegt also ein Verbesserungspotential in hier eingesetzten (virtuellen) Absicherungsmethoden im Vergleich zu Projekt A.

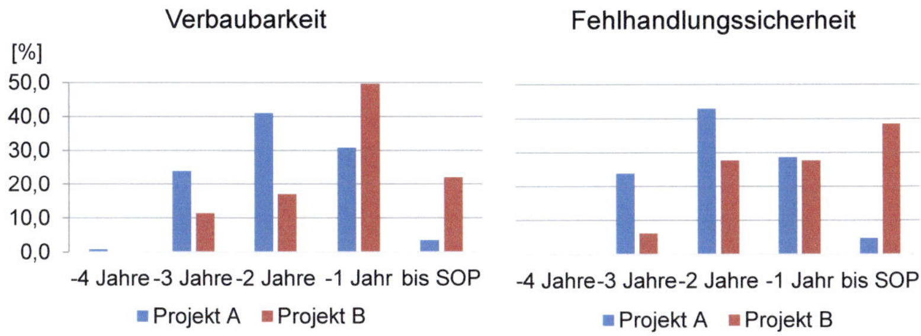

Abbildung 50: Vergleich der prozentualen Verteilung dokumentierter Soll-/Ist-Abweichungen der Projekte A und B in den Kategorien Verbaubarkeit und Fehlhandlungssicherheit über die Zeit

Die dargestellten Ergebnisse lassen Rückschlüsse auf Verbesserungspotentiale der eingesetzten Methoden zu.

4.2.4 Rückschlüsse auf Potentiale der eingesetzten Absicherungsmethoden und Lösungsansätze

Die Ergebnisse aus den vorangegangenen Abschnitten deuten auf einen allgemeinen Verbesserungsbedarf in den Absicherungsmethoden für die Kategorie der sekundären Produkteigenschaften und -funktionen hin. Dies liegt in der starken Abhängigkeit dieser Eigenschaften/Funktionen von Bauteilbeschaffenheiten. So können geringe Abweichungen in beispielsweise der Shore-Härte oder Geometrie von Dichtungsteilen einen großen Einfluss auf die Funktion der Dichtung haben. Es ist daher leicht zu erklären, dass vor allem die sekundären Produkteigenschaften Dichtheit und die Vermeidung unerwünschter Geräusche erst spät im Entwicklungsprozess abgesichert werden können. Projekt B, das überwiegend virtuell abgesichert wurde, weist zudem noch Verbesserungspotentiale der Absicherungsmethoden in den Eigenschaftskategorien Fehlhandlungssicherheit und der Verbaubarkeit auf.

4.2.4.1 Verbesserung der Absicherung sekundärer Eigenschaften und Funktionen

Eine wichtige Grundlage bei der Durchführung der Absicherung anhand von Ersatzmodellen ist die Sicherstellung der korrekten Darstellung der

Bauteilgeometrie. So sollte vor Durchführung der Absicherungsmaßnahme die „Unschärfe“ ε bekannt sein. Die gilt sowohl für die physischen als auch die virtuellen Absicherungsmodelle.
Um die Aussagenqualität von Absicherungsmethoden zu verbessern, müssen die Eigenschaften des Absicherungsmodells den Eigenschaften des Serienprodukts so weit wie möglich entsprechen, es muss also die „Unschärfe“ ε minimiert sein. Bei physischen Modellen ist damit in vielen Fällen der Einsatz von seriennahen Materialen notwendig. Ein gutes Beispiel sind hier Türdichtungssysteme. Diese werden unter anderem aus EPDM hergestellt und bestehen aus komplizierten geometrischen Formteilen und Extrusionsprofilen (teilweise mit Hohlkammern). Für die Absicherung der Bauteilgeometrie ist eine virtuelle Darstellung oder ein Prototypenteil aus Ersatzmaterialien oftmals ausreichend. Für die Bewertung des Bauteilverhaltens (elastische und plastische Verformung und damit Dichtungseigenschaften) ist jedoch ein Bauteil aus **Serienmaterial** besser geeignet. Die nachstehende Abbildung zeigt zwei Teilstücke der Fensterführungsdichtung (oben: EPDM; unten: Rapid Prototyping).

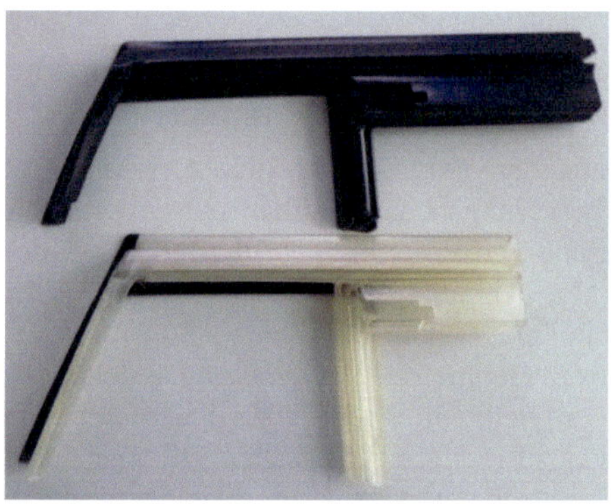

Abbildung 51: Dichtungsteilstücke in verschiedenen Materialen

Während des Entwicklungsprozesses werden laufend Änderungen realisiert. So ändert sich nicht nur ein bestimmtes Bauteil selbst, sondern unter Umständen auch dessen Umfeld (Nachbarbauteile) und es muss erneut im Bauraum-Kontext betrachtet werden. Es ist demnach sinnvoll, dies in den Absicherungsmodellen zu berücksichtigen und nicht konkrete Geometrien und Werte zu untersuchen, sondern **Wertebereiche/Bänder**. Dies wird teilweise bereits umgesetzt (vor allem im Bereich des Toleranzmanagements), ist aber in der Absicherung mit physischen Modellen wenig verbreitet. Physische Bauteile lassen sich nicht so schnell aktualisieren wie virtuelle. Sie müssen nachgearbeitet oder sogar ausgetauscht werden. Insbesondere für die Montageabsicherung wären daher **flexible bzw. adaptierbare Prototypen** nützlich, die sich leichter verändern/anpassen lassen.

Das Einblenden geänderter Bauteile oder Bauteilalternativen kann hier eine Möglichkeit sein, zusätzliche Informationen zu ergänzen. Doch nicht nur die Ergänzung von virtuellen Bauteilgeometrien kann physische Absicherungsmodelle aufwerten. Auch in anderer Weise dargestellte Informationen können die Absicherungsmaßnahme verbessern. So ist beispielsweise der Einsatz von Augmented Reality, also der Überlagerung von virtuellen und physischen Modellen mithilfe von Computer- und Kamerasystemen, eine interessante Möglichkeit für die Absicherung. Mithilfe der Überlagerung der virtuellen und physischen Modelle können neue Erkenntnisse gewonnen oder auch Probleme in den virtuellen Darstellungen identifiziert werden. Unstimmigkeiten in der Darstellung von Geometrien im CAD-System können sich unter anderem daraus ergeben, dass Naturgesetze oder Materialeigenschaften bei der Konstruktion nicht berücksichtigt werden. Die nachfolgenden Abbildungen zeigen (in blau und gelb) das virtuelle Modell eines Kabelbaumteilbereichs über dem entsprechenden physischen Modell. Bei Fahrzeug-Kabelbäumen ist die tatsächliche Lage des Serienbauteils zwischen den Anbindungspunkten teilweise schwer abschätzbar, da diese von vielen äußeren Bedingungen abhängt (Wicklung, Transportbehälter, etc.).

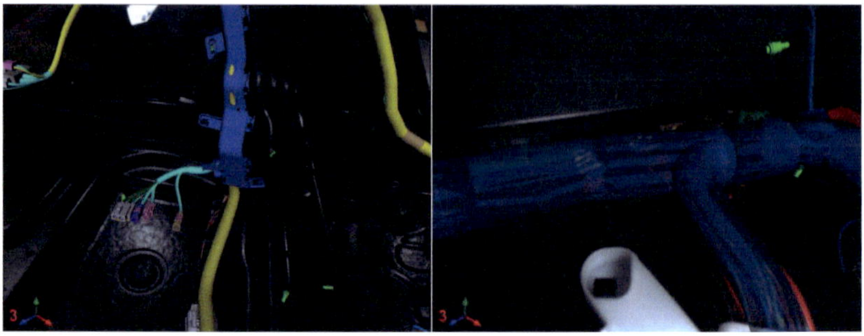

Abbildung 52: Beispielhafte Darstellung einer Untersuchung mit AR[354]

Mit dem Einsatz von Augmented Reality kann einerseits ein physisches Modell mit dem konstruierten Soll-Zustand verglichen werden, andererseits können so auch virtuelle Darstellungen validiert werden.

4.2.4.2 Verbesserung der Absicherung der Verbaubarkeit und Fehlhandlungssicherheit

Die Verbaubarkeit eines Bauteils hängt oft nicht nur von den geometrischen Randbedingungen, sondern auch von anderen Faktoren wie beispielsweise der Taktzeit und den räumlichen Gegebenheiten am Montageband im Serienprozess ab. Auch diese Parameter sind möglichst realitätsgetreu im Rahmen des Absicherungsmodells darzustellen. Durch die virtuelle Darstellung des Produktionsumfelds, die auch unter dem Begriff der „Digitalen Fabrik" zusammengefasst werden, sind bereits viele dieser Faktoren berücksichtigt.[355] Mithilfe der Ergebnisse aus der Problemanalyse lassen sich diese noch gezielter einsetzen und speziell im Rahmen der Entwicklung neuer Produkte nutzen. Dafür sollten die dokumentierten Abweichungen in dieser Kategorie detaillierter untersucht und bspw. im Rahmen von Bewertungs-Workshops (Design-Reviews) für zu entwickelnde

---

[354] Bildquelle: eigene Untersuchungen in Zusammenarbeit mit R. Späth.

[355] „Die Digitale Fabrik ist der Oberbegriff für ein umfassendes Netzwerk von digitalen Modellen, Methoden und Werkzeugen – u. a. der Simulation und dreidimensionalen Visualisierung – die durch ein durchgängiges Datenmanagement integriert werden. Ihr Ziel ist die ganzheitliche Planung, Evaluierung und laufende Verbesserung aller wesentlichen Strukturen, Prozesse und Ressourcen der realen Fabrik in Verbindung mit dem Produkt." (VDI 4499 Blatt 1 2008, S. 3).

Produkte diskutiert werden. Ein solches Vorgehen würde als Maßnahme der Wissensrückführung zählen, deren Wichtigkeit im folgenden Abschnitt betont werden soll.

4.2.4.3 Sicherstellung der Wissensrückführung aus anderen Projekten

Wissensmanagement und die Rückführung von Erfahrungen in neue Projekte ist vor allem in sehr großen Unternehmen mit wechselnden Projektteams eine sehr schwierige Aufgabe. Die Möglichkeiten des Data Minings können für diese Zwecke eingesetzt werden und verschiedene Aspekte dieser Problematik unterstützen. Dabei können die Data Mining Instrumente vor allem bei den Herausforderungen, die der Umgang mit großen Datenmengen mit sich bringt, nützlich sein.
Die Ausarbeitung von Ontologien kann ein erster Schritt für die Strukturierung von Prozessen aber auch für den Aufbau von unterstützenden IT-Systemen sein. So sind beispielsweise semantische Technologien gut geeignet für intelligente Informationsmanagementsysteme. Einige Funktionen, die in dieses integriert werden können, sind neben der Wissenssuche, die Wissenszustellung, die Visualisierung und die Strukturierung von Wissen.[356]
Z.B. kann die Integration semantischer Suchen innerhalb von digitalen Dokumenten, Dateisystemen und Datenbanken den Wissenstransfer über Projekt- und Abteilungsgrenzen hinweg erleichtern. Semantische Suchen sind auf Hintergrundwissen angewiesen, das unter anderem in Form von Ontologien hinterlegt sein kann. Diese können, wie in Abschnitt 4.1.2 und 4.1.3 dargestellt aus den domänenspezifischen Datenquellen extrahiert werden.
Die Untersuchungen im Rahmen dieser Arbeit haben gezeigt, dass vor allem in der Dokumentation von Problemen und Abweichungen und den entsprechenden Maßnahmen sehr viel Wissen hinterlegt ist. Dieses kann und sollte für die Weiterverwendung verarbeitet werden.

[356] Vgl. Baier (2008); S.16.

5 Schlussbetrachtungen

In dem folgenden Kapitel werden abschließend das Vorgehen und die Ergebnisse dieser Arbeit zusammengefasst und ein Ausblick und Möglichkeiten zur weiteren Untersuchung des Themas aufgezeigt.

5.1 Zusammenfassung

Viele Automobilhersteller reagieren mit einer Erweiterung der Produktpalette auf die verschärften Marktbedingungen und die gesteigerte Individualisierung der Kundenanforderungen. Gleichzeitig setzt die für die Erschließung von Marktpotentialen wichtige Reaktionsfähigkeit gegenüber Marktveränderungen eine kurze Produktentwicklungsdauer voraus.
Effizienzsteigerungen im Produktentwicklungsprozess sind damit für die Unternehmen der Automobilindustrie wichtige Ziele. Eine Voraussetzung, diese zu erreichen, ist die Vermeidung von späten konstruktiven Änderungen und Störungen in der Anlaufphase, welche über einen gezielten Einsatz von Absicherungsmaßnahmen erreicht werden kann. Aus dieser Thematik ergibt sich der Fokus der vorliegenden Arbeit, deren Ziel die **Erarbeitung eines Konzepts zur Analyse und Verbesserung von Methoden zur Montageabsicherung** ist. Das Konzept soll dabei die besonderen Anforderungen der automobilen Serienfertigung berücksichtigen und die manuelle Montage fokussieren.
Für die Bewertung der Absicherungsmethoden mussten zunächst geeignete Messgrößen und Indikatoren identifiziert werden, die Rückschlüsse auf potentielle Verbesserungsmöglichkeiten zulassen. Für die hier beschriebene Untersuchung wurden dafür die Anzahl der spät im Produktentstehungsprozess entdeckten Produkt- und Prozessauffälligkeiten gewählt. Grundlage dafür lieferten die Ergebnisse einer Untersuchung vorhandener Problemdokumentationen der Montageabsicherung verschiedener Fahrzeugprojekte mithilfe eines Text-Mining-Ansatzes, mit dem Ziel Montagerelevante Eigenschaftskategorien zu identifizieren. Innerhalb dieser Eigenschaften wurden in zwei ähnlichen, jedoch zeitlich versetzt durchgeführten Fahrzeugentwicklungsprojekten, die Anzahl von Problemmeldungen verglichen, um verschiedene Absicherungsstrategien gegeneinander abzuwägen. Eine hohe Anzahl von Meldungen in einer Eigenschaft zu einem relativ späten Zeitpunkt im Produktentwicklungsprozess deutet auf ein

Verbesserungspotential hinsichtlich der entsprechenden Absicherungsmethode hin. Aus der Analyse der Problemdokumentation konnten verschiedene **Verbesserungspotentiale der eingesetzten Absicherungsmethoden** im Bereich der Absicherung sekundärer Produkteigenschaften und der Verbaubarkeit abgeleitet werden und es wurden entsprechende **Vorschläge zur Weiterentwicklung der Methoden** erarbeitet.
Die Arbeit zeigte außerdem eine weitere **Einsatzmöglichkeit für Data bzw. Text Mining Techniken auf** und bestätigt deren Nutzen im Rahmen der vorgestellten Fallstudie. Auch der **Gebrauch der Conjoint Analyse zur Untersuchung von subjektiven Risikoeinschätzungen** ist eine neue Möglichkeit der Verwendung dieses statistischen Analysewerkzeugs, die im Rahmen der Fallstudie validiert werden konnte.

5.2 Kritische Betrachtung des Vorgehens und der Ergebnisse

Das hier vorgestellte Konzept lässt sich in die Vielzahl von Einsatzmöglichkeiten des Data bzw. Text Minings einordnen. Durch die Analyse abgeschlossener Projekte bzw. deren Dokumentation lassen sich in vielen Bereichen eines Unternehmens wertvolle Erkenntnisse ableiten. Im Falle der Montageabsicherung sind dies vor allem die beschriebenen Zielabweichungen in den identifizierten Eigenschaftskategorien. Die Häufigkeitsverteilungen der dokumentierten Abweichungen in den Eigenschaftskategorien können unter Berücksichtigung der statistischen Randbedingungen auf mögliche Verbesserungspotentiale der Absicherungsmethoden schließen lassen, doch muss diese Größe vorsichtig betrachtet werden, da sie auch von Unternehmensprozessen abhängt. Dennoch kann sie als Indikator gelten.
Die Etablierung eines Regelkreises für kontinuierliches Monitoring und Verbesserung der Absicherungsmethoden auf Basis der im Unternehmen vorhandenen Problemmanagement- und Engineering Change Request Systeme wäre denkbar. Eine weitere interessante Einsatzmöglichkeit für Data Mining Ansätze ist die Erstellung und Erweiterung von Ontologien für die Produktentwicklung. Ontologien sind in der Regel nicht nur von der jeweiligen Disziplin, sondern auch vom Unternehmen, der Abteilung oder sogar von dem Team abhängig. Daher liefern die Daten der entsprechenden Organisationseinheit eine bessere Grundlage für die Ableitung von Ontologien und Begriffsfamilien als eine allgemeinere und damit abstraktere Datenbasis, wie z.B. Fachliteratur.

Eine Einschränkung der Aussagekraft dieser Untersuchung, die in gleicher Weise ähnliche Data Mining Analysen betrifft, ist die *Verfügbarkeit* und *Maschinenlesbarkeit der Dokumente* und Daten. Die Abweichungsdokumentation entsteht in dem hier betrachteten Fall in einem eigens zu diesem Zweck betriebenen Problem-Management-System, wodurch die Beschreibungsqualität über die Gesamtzahl der Dokumentationen vergleichbar ist. Eine Unsicherheit ergibt sich jedoch durch die Möglichkeit der Mitarbeiter, die die Dokumentation einpflegen, andere Wege und Medien für die Dokumentation der problematischen Vorkommnisse zu nutzen. Beispielsweise könnte statt der stark standardisierten Eingabe in das System die Weiterleitung der Abweichungsinformation durch eine formlosere Email oder direkte Kommunikation bevorzugt werden. Diese Situation ist beispielsweise im Falle von Zielabweichungen denkbar, die als weniger schwerwiegend eingeschätzt werden.
Die Anzahl von Abweichungs- bzw. Problemdokumentationen in den einzelnen Eigenschaftsbereichen ist daher eine Größe, die ohne die Berücksichtigung der jeweiligen Problem-Schwere bzw. -Auswirkung nicht ohne Weiteres für Aussagen über die Reife des Produkts geeignet ist. Sie kann, wie in dieser Arbeit, nur als Indikator für die Problemerkennung (z.B. Zeitpunkt, betroffene Eigenschaft) dienen.

Eine weitere Erkenntnis aus den vorliegenden Untersuchungen ist die Einschätzung der Entwicklungspotentiale der betrachteten Absicherungsmethoden. Im Allgemeinen gilt, dass Absicherungsaussagen über Gesamtfahrzeugfunktionen und -eigenschaften derzeit weiterhin mit geringerer Genauigkeit getroffen werden können als Aussagen bezüglich einzelner Komponenten oder Bauteile. Dies liegt zum einen an der Komplexität der Problemstellung, die oftmals nicht mehr darstellbar ist (sowohl durch physische als auch durch virtuelle Modelle). Zum anderen fehlen in frühen Produktentwicklungsphasen oft der notwendige Detaillierungsgrad des Produkts und Informationen über relevante Wirkketten. Für die effiziente Vergrößerung des Produktportfolios empfiehlt sich der Einsatz von Plattformstrategien[357], um den Anteil neuer Bauteile und Module möglich gering zu halten. Der mehrfache Einsatz einzelner Module senkt Entwicklungs- und Absicherungsaufwände (siehe Abschnitt 4.2.3.2). Allerdings gilt dies nur für die Absicherung der jeweiligen Bauteil- oder

[357] U.a. Zerres (2014).

Moduleigenschaften und -funktionen, nicht für die Eigenschaften des Gesamtfahrzeugs.

5.3 Ausblick

Die frühzeitige Problemerkennung ist eine Voraussetzung für einen steilen Reifegradverlauf in frühen Projektphasen („Frontloading"). Weitere Forschungsaktivitäten in diesem Themengebiet sollten zwei Bereiche fokussieren: Es können die einzelnen Absicherungsmaßnahmen als solche im Detail analysiert und die durch neue technologische Möglichkeiten erreichbaren Potentiale ausgeschöpft werden. Außerdem kann die prozessuale Seite der Produktentwicklung in Hinblick auf die Absicherungsthematik ein interessantes Forschungsgebiet sein. So ist zum Beispiel die Entwicklung von geeigneten Reifegradgrößen zur Projektsteuerung eine Problematik mit hoher Praxisrelevanz. Hier sind neben Fragestellungen aus dem Bereich der Unternehmensorganisation bezüglich der prozessualen Implementierung von Reifegradmanagementsystemen auch die weitere Untersuchung der Eigenschafts- und Funktionsbewertung im Produktentwicklungsprozess von Interesse.

Literatur

ADDELMAN, S. (1962): Symmetrical and Asymmetrical Fractional Factorial Plans. In: Technometrics. 1962, Vol. 4, S. 47-58.

AKAO, Y. (1992): QFD - Quality Function Deployment. Verlag Moderne Industrie, München 1992.

AKAO, Y. (2004): Quality function deployment: integrating customer requirements into product design. Productivity Press, Cambridge 2004.

AKKASOGLU, G. (2013): Methodik zur Konzeption und Applikation anwendungsspezifischer Reifegradmodelle unter Berücksichtigung der Informationsunsicherheit. Dissertation Friedrich-Alexander-Universität Erlangen-Nürnberg, Erlangen, 2013.

ANDREASEN, M.M. et al. (1983): Design for assembly. Springer-Verlag, Berlin 1983.

ANDREASEN, M.M.; HEIN, L. (1987): Integrated Product Development. IFS Publications Ltd., Bedford 1987.

ANDREASEN, M.M.; MORTENSEN, N.H. (1997): Basic thinking patterns and working methods for multiple DfX. In: Fertigungsgerechtes Konstruieren, Beiträge zum 8. Symposium, H. Meerkamm (Hrsg.), Schnaittach 1997, S.7-12.

ARVIDSSON, M.; GREMYR, I. (2008): Principles of robust design methodology. In: Quality and Reliability Engineering International. 2008, 24. Jg., Nr. 1, S. 23-35.

BACKHAUS, K.; ERICHSON, B.; PLINKE, W.; WEIBER, R. (2016): Multivariate Analysemethoden – Eine anwendungsorientierte Einführung. 14. überarb. und aktualisierte Aufl., Springer-Verlag, Berlin, Heidelberg 2016.

BAGGA, S.; SINGH, G.N. (2012): Applications of Data Mining. In: International Journal for Science and Emerging Technologies with Latest Trends. 2012, Vol. 1, Nr.1, S. 13-23.

BAINES, T.S.; LIGHTFOOT, H.W.; et al. (2007): State-of-the-art in product-service systems. Proceedings of the Institution of Mechanical Engineers Part B – Journal of Engineering Manufacture. 2007, Vol. 221, No. 10, S. 1543-52.

BAUER, C.-O. (1991): Handbuch der Verbindungstechnik. Hanser Verlag, München 1991.

BECKER, H. (2007): Auf Crashkurs: Automobilindustrie im globalen Verdrängungswettbewerb. Springer-Verlag, Heidelberg 2007.

BECKER, J.; KNACKSTEDT, R.; PÖPPELBUß, J. (2009): Entwicklung von Reifegradmodellen für das IT-Management. In: Wirtschaftsinformatik, 2009, 51. Jg., Nr. 3, S. 249-260.

BENDER, B. (2004): Erfolgreiche individuelle Vorgehensstrategien in frühen Phasen der Produktentwicklung. Dissertation Technische Universität München, München, 2004. Zugl.: Fortschritt-Berichte VDI, Reihe 1, Nr. 377, VDI Verlag, Düsseldorf 2004.

BERNDES, S.; STANKE, A. (1996): A concept for revitalisation of product development. In: Concurrent simultaneous engineering systems. London: Springer, 1996. S. 7-56.

BERTSCHE, B. (2004): Zuverlässigkeit im Fahrzeug- und Maschinenbau. Ermittlung von Bauteil- und System-Zuverlässigkeiten. Springer, Berlin [u.a.] 2004.

BIERTER, W. (2001): Zukunftsfähiges System-Design. Manuskript, Institut für Produktdauer-Forschung & Factor 10 Innovation Network, Genf/Giebenach, 2010.

BISCHOFF, R. (2007): Anlaufmanagement – Schnittstelle zwischen Projekt und Serie. Junge Medien, Konstanz 2007.

BISSON, G.; NÉDELLEC, C.; CANAMERO, D. (2000): Designing Clustering Methods for Ontology Building-The Mo'K Workbench. In: ECAI workshop on ontology learning. 2000, Vol. 31., S. 13-19.

BOOTHROYD, G.; Dewhurst, P.; Knight, W.A. (2010): Product Design for Manufacture and Assembly. 3. Edition, CRC Press, Boca Raton 2010.

BORST, W.N. (1997): Construction of engineering ontologies for knowledge sharing and reuse. Dissertation Centre for Telematics and Information Theory, University of Twente, Enschede, Niederlande, 1997.

BOSSMANN, M. (2007): Feature-basierte Produkt- und Prozessmodelle in der integrierten Produktentstehung. Dissertation Universität des Saarlandes, Saarbrücken, 2007.

BOUTELLIER, R.; BIEDERMANN, A.: Qualitätsgerechte Produktplanung. In: PFEIFER, T.; SCHMITT, R. (Hrsg.) (2014): Masing – Handbuch Qualitätsmanagement. 6. überarbeitete Aufl., Carl Hanser Verlag, München 2014. S. 442-465.

BRAND, M. (2013): Einführung in die Finite-Elemente-Methode (FEM). In: FEM-Praxis mit SolidWorks. Springer Fachmedien, Wiesbaden 2013. S. 1-27.

BRUSCH M., BAIER D., TREPPA, A. (2002): Conjoint Analysis and Stimulus Presentation — a Comparison of Alternative Methods. In: Jajuga K., Sokołowski A., Bock HH. (Hrsg.): Classification, Clustering, and Data Analysis. Studies in Classification, Data Analysis, and Knowledge Organization. Springer, Berlin, Heidelberg 2002. S. 203-2010.

BUCHHOLZ, W. (1996): Time-to-market-Management: Zeitorientierte Gestaltung von Produktinnovationsprozessen. Kohlhammer, Stuttgart [u.a.] 1996.

BUITELAAR, P.; OLEJNIK, D.; SINTEK, M. (2004): OntoLT: A protege plug-in for ontology extraction from text. In: The Semantic Web: Research and Applications. Berlin: Springer, 2004. S. 31-44.

BULLINGER, H.-J.; WARSCHAT, J. (Hrsg.) (1996): Concurrent Simultaneous Engineering Systems. Springer, London 1996.

BULLINGER, H.-J., WASSERLOOS, G. (1990): Produktentwicklung braucht ein Just-in-Time-Management – Erfolgskritische Größe „Zeit“ im Wettbewerb nutzen! In: Office Management, 1990, Jg. 1, Vol. 2, S. 22-29.

BURGHARDT, M. (2013): Einführung in Projektmanagement. Definition, Planung, Kontrolle, Abschluss. 6. Aufl., Publicis Publishing, Erlangen 2013.

CARDOSO, J. (2007): The Semantic Web Vision: Where Are We? In: IEEE Intelligent Systems, 2007, Jg. 22, Vol. 5, S. 84-88.

CARMEL, E. (1999): Global Software Teams. Collaborating Across Borders and Time Zones. Prentice Hall, Upper Saddle River, NJ 1999.

CLARK, K., FUJIMOTO, T. (1991): Product Development Performance. Harvard Business School Press, Boston, MA 1991.

CHIU, M.-C.; LIN, C.-Y.; OKUDAN, G. (2011): An Investigation of the Applicability of DfX Tools during Design Concept Evolution. In: Int. J. of Product Development, 2011, Vol. 13, No. 2, S. 132-167.

CHRISTENSEN, J.F. (1995): Asset profiles for technological innovation. In: Research Policy. 1995, 24. Jg., Nr. 5, S. 727-745.

CIMIANO, P.; VÖLKER, J. (2005): Text2Onto. In: Natural Language Processing and Information Systems. Springer, Berlin [u.a.] 2005. S. 227-238.

COOPER, R.G. (1994): Perspective third-generation new product processes. Journal of Product Innovation Management, 1994, 11. Jg., Nr. 1, S. 3-14.

COOPER, R.G. (2008): Perspective: The Stage-Gate® Idea-to-Launch Process – Update, What's New, and NexGen Systems. Journal of Product Innovation Management, 2008, 25. Jg., Nr. 3, S. 213-232.

COOPER, R.G.; EDGETT, S.J.; KLEINSCHMIDT, E.J. (2002): Optimizing the stage-gate process: what best-practice companies do. In: Research-Technology Management, 2002, 45. Jg., Nr. 5, S. 21-27.

COOPER, R.G.; KLEINSCHMIDT, E.J. (1991): New Product Processes at leading industrial Firms. In: Industrial Marketing Management, 1991, 20. Jg., Nr. 2, S. 137-147.

CORCHO, O.; FERNANDEZ-LOPEZ, M; GOMEZ-PEREZ, A. (2003): Methodologies, Tools and Languages for Building Ontologies. Where is their Meeting Point? In: Data and Knowledge Engineering, 2003, Nr. 46, S. 41-64.

COVEY, S.R., MERRILL, A.R., MERRILL, R.R. (1994): First Things First. London 1994.

CROWE, D.; FEINBERG, A. (Hrsg.) (2001): Design for reliability. CRC press, Boca Raton 2001.

DAS, S. K., Datla, V., Samir, G. (2000): DFQM – an approach for improving the quality of assembled products. In: International Journal of Production Research, 2000, Vol. 38, Nr. 2, S. 457-477.

DE BRUIN, T.; FREEZE, R.; KAULKARNI, U.; ROSEMANN, M. (2005): Understanding the Main Phases of Developing a Maturity Assessment Model. In: Campbell, B.; Underwood, J.; Bunker, D. (Hrsg.):

15th Australasian Conference on Information Systems (ACIS), 30. November-02. Dezember 2005, Australia, New South Wales, Sydney.

DENGEL, A. (2012): Semantische Netze, Thesauri und Topic Maps. In: Dengel A. (Hrsg.) Semantische Technologien. Spektrum Akademischer Verlag, Heidelberg 2012, S. 73-107.

DENGEL, A.; BERNARDI, A. (2012): Semantische Webservices zur Steuerung von Produktionsprozessen. In: Dengel, A. (Hrsg.): Semantische Technologien: Grundlagen–Konzepte–Anwendungen. Spektrum Akademischer Verlag, Heidelberg 2012, S. 1-19.

DENGEL, A.; BERNARDI, A., van ELST, L. (2012): Wissensrepräsentation. In: Dengel, A. (Hrsg.): Semantische Technologien: Grundlagen–Konzepte–Anwendungen. Spektrum Akademischer Verlag, Heidelberg 2012, S. 21-72.

DÖLLNER, G. (1997): Konzipierung und Anwendung von Maßnahmen zur Verkürzung der Produktentwicklungszeit am Beispiel der Aggregateentwicklung. Dissertation TU Braunschweig, Braunschweig, 1997.

DOWLATSHAHI, S. (1996): The role of logistics in concurrent engineering. In: International Journal of Production Economics. 1996, 44. Jg., Nr. 3, S. 189-199.

DUMAINE, B. (1989): How Managers can succeed through Speed. In: Fortune, 13/02/1989, S. 30-35.

EHRLENSPIEL, K.; LINDEMANN, U.; KIEWERT, A. (1998): Kostengünstig entwickeln und konstruieren. Springer, Berlin 1998.

EHRLENSPIEL, K.; MEERKAMM, H. (2013): Integrierte Produktentwicklung: Denkabläufe, Methodeneinsatz, Zusammenarbeit. Hanser, München 2013.

EIGNER, M.; STELZER, R. (2009): Product lifecycle management: Ein Leitfaden für product development und life cycle management. Springer, Heidelberg 2009.

EIKVIL, L. (1999): Information extraction from world wide web – a survey. Technical Report 945 Norwegian Computing Center, 1999.

EISENFÜHR, F.; WEBER, M. (2010): Rationales Entscheiden. 5. neu bearb. Aufl., Springer, Berlin 2010.

EL JERROUDI, Z. (2010): Eine interaktive Vorgehensweise für den Vergleich und die Integration von Ontologien. In: Wulf, V., Haake, J., Herrmann, T., Krcmar, H., Schlichter, J., Schwabe, G. und Zielger, J. (Hrsg.): Schriften zu Kooperations- und Mediensystemen (Band 25), Josef Eul Verlag, Lohmar, Köln, 2010.

ESTER, M.; SANDER, J. (2013): Knowledge discovery in databases: Techniken und Anwendungen. Springer-Verlag, Heidelberg, Berlin 2013.

EVERSHEIM, W. et al. (1993): Integrierte Produktentwicklung in einem zeitparallelen Ansatz. In: CIM-Management, 1993, Nr. 2, S.4-9.

EVERSHEIM, W. (Hrsg.); BOCHTLER, W.; LAUFENBERG, L. (1995): Simultaneous Engineering: Erfahrungen aus der Industrie für die Industrie. Springer, Berlin 1995.

FAYYAD, U.; PIATETSKY-SHAPIRO, G.; SMYTH, P. (1996): The KDD process for extracting useful knowledge from volumes of data. In: Communications of the ACM. 1996, 39 (11), S. 27-34.

FABRICIUS, F. (1994): Seven step procedure for design for manufacture. In: World Class Design for Manufacture. 1994, Vol. 1, No. 2, S. 23-30.

FELDEN, C.; BOCK, H.; GRÄNING, A.; MOLOTOWA, L.; SAAT, J. (2006): Evaluation von Algorithmen zur Textklassifikation. Freiberg working papers, Nr. 2006, 10, TU Bergakademie Freiberg.

FELDHUSEN, J.; GROTE, K.-H. (2013): Einleitung. In: Feldhusen, J.; Grote, K.-H. (Hrsg.): Pahl/Beitz – Konstruktionslehre: Methoden und Anwendung erfolgreicher Produktentwicklung. 8. Aufl., Springer-Verlag, Berlin, Heidelberg 2013, S. 1-10.

FELDHUSEN, J.; GROTE, K.-H. (2013): Der Produktentstehungsprozess (PEP). In: Feldhusen, J.; Grote, K.-H. (Hrsg.): Pahl/Beitz – Konstruktionslehre: Methoden und Anwendung erfolgreicher Produktentwicklung. 8. Aufl., Springer-Verlag, Berlin, Heidelberg 2013, S. 11-24.

FELDHUSEN, J.; GROTE, K.-H.; KOCHAN, D.; BEYER, C.; VAJNA, S.; LASHIN, G.; KNAUF, F.; GAUB, H.; SCHACHT, M.; ERK, P. (2013): Die PEP-begleitenden Prozesse. In: Feldhusen, J.; Grote, K.-H. (Hrsg.): Pahl/Beitz – Konstruktionslehre: Methoden und Anwendung erfolgreicher Produktentwicklung. 8. Aufl., Springer-Verlag, Berlin, Heidelberg 2013, S. 25-236.

FELDHUSEN, J.; GROTE, K.-H.; NAGARAJAH, A.; PAHL, G.; BEITZ, W.; WARTZACK, S. (2013b): Vorgehen bei einzelnen Schritten des Produktentstehungsprozesses. In: Feldhusen, J.; Grote, K.-H. (Hrsg.): Pahl/Beitz – Konstruktionslehre: Methoden und Anwendung erfolgreicher Produktentwicklung. 8. Aufl., Springer-Verlag, Berlin, Heidelberg 2013, S. 291-410.

FISCHER, W., DANGELMAIER, W. (2000): Produkt- und Anlagenoptimierung. Effiziente Produktentwicklung und Systemauslegung. (VDI-Buch). Springer, Berlin 2000.

FISCHER, W.; HENNE, G. (1998): Mercedes-Benz S-Klasse: Transparenz und Prognose - Zwei Schlüssel zum Projekterfolg: Erfahrungen aus dem Projektmanagement. In: Motortechnische Zeitschrift. 1998, Nr. 59, Sonderausgabe: Die neue S- Klasse, S. 172-181.

FISCHER, W.; WEBER, M. (1998): Management für komplexe Produktprojekte. In: Maschinenbau. 1998 (Zürich), Jg.27, Nr. 9, S. 34-40.

FITZEK, D. (2006): Anlaufmanagement in Netzwerken: Grundlagen, Erfolgsfaktoren und Gestaltungsempfehlungen für die Automobilindustrie. 1. Auflage. Haupt, Bern 2006.

GARSHOL, L.M. (2004): Metadata? Thesauri? Taxonomies? Topic maps! Making sense of it all. In: Journal of information science. 2004, 30. Jg., Nr. 4, S. 378-391.

GEBHARDT, A. (2013): Generative Fertigungsverfahren: Additive Manufacturing und 3D Drucken für Prototyping-Tooling-Produktion. Hanser, München 2013.

GERPOTT, T.J. (2005): Strategisches Technologie- und Innovationsmanagement. Schäffer-Poeschel, Stuttgart 2005.

GIBSON, I., ROOSEN, D.W., STUCKER, B. (2010): Additive Manufacturing Technologies. Springer, London 2010.

GIEGRICH, J. (1995): Die Bilanzbewertung in produktbezogenen Ökobilanzen. In: Stoffstromanalysen. Springer, Berlin, Heidelberg 1995. S. 255-279.

GIESS, M. (2006): Extracting Information from Manufacturing Data using Data Mining Methods. Dissertation University of Bath, Bath, 2006.

GÓMEZ-PÉREZ, A.; JURISTO, N.; PAZOS, J. (1995): Evaluation and assessment of the knowledge sharing technology. In: Mars, N. J. (Hrsg.): Towards very large knowledge bases – Knowledge Building and Knowledge Sharing. KBKS 95, IOS Press, 1995, S. 289-296.

GRANER, M. (2012): Der Einsatz von Methoden in Produktentwicklungsprojekten: Eine empirische Untersuchung der Rahmenbedingungen und Auswirkungen. Springer Gabler, Wiesbaden 2012.

GREEN, P.E., RAO, V. (1971): Conjoint Measurement for Quantifying Judgemental Data. In: Journal of Marketing Research. 1971, Vol. 8, S. 355-363.

GRIFFIN, A., PAGE, A.L. (1996): PDMA success measurement project: recommended measures for product development success and failure. In: Journal of product innovation management. 1996, Jg. 13, Vol. 6, S. 478-496.

GRIFFIN, A. (1993): Metrics for measuring product development cycle time. In: J. Product Innovation Management. 1993, Jg. 10, Nr. 2, S. 112-125.

GRÖNROOS, C. (1998): Marketing services: the case of a missing product. In: Journal of business & industrial marketing. 1998, Jg. 13, Nr. 4/5, S. 322-338.

GRUBER, T. R. (1993): A translation approach to portable ontology specifications. In: Knowledge acquisition. 1993, Jg. 5, Nr. 2, S. 199-220.

GRÜNIG, R.; KÜHN, R. (2013): Kollektiventscheidungen. In: Entscheidungsverfahren für komplexe Probleme. Springer, Berlin, Heidelberg 2013. S. 225-249.

GÜNTHER, H.-O.; TEMPELMEIER, H. (2013): Produktion und Logistik. 12. Auflage, Springer, Heidelberg 2012.

HABERFELLNER, R.; NAGEL, P.; BECKER, M.; BÜCHEL, A.; MASSOW, H.V. (1999): Systems Engineering. Methodik und Praxis. 10. durchgesehene Auflage.: Industrielle Organisation, Zürich 1999.

HALLER, M.; PEODERT, A.; THOMA, J. (2003): Cycle time management during production ramp-up, Robotics and Computer-Integrated Manufacturing. 2003, Jg. 19, Nr. 1-2, S. 183-188.

HANSEN, F. (1965), Konstruktionssystematik – Grundlagen für eine allgemeine Konstruktionslehre. 2. überarb. Auflage. Berlin, 1965.

HARBOUR CONSULTING (2006): The Harbour Report. Harbour Consulting, Troy, MI, 2006.

HEARST, M.A. (1999): Untangling Text Data Mining. In: Proceedings of ACL'99, the 37th Annual Meeting of the Association for Computational Linguistics, invited paper, 1999.

HEILER, H.C.; WIßLER, F.E. (1999): Umfassendes Projektcontrolling mit Hilfe der Produktreifegradmethode: Das Erreichen von Projektzielen durch regelmäßige Bewertung des Reifegrades sicherstellen. In: Projektmanagement. 1999, 10 Jg., Nr. 2, S. 26-29.

HERRMANN, C. (2010): Ganzheitliches Life Cycle Management. Springer, Berlin, Heidelberg 2010.

HAB, G.; WAGNER, R. (2017): Projektmanagement in der Automobilindustrie – Effizientes Management von Fahrzeugprojekten entlang der Wertschöpfungskette. 5. Aufl., Springer, Berlin 2017.

HESSE, M.; WEBER, C.; DIESTELKAMP, H. (2011): Bewertung von Methoden zur Herstellbarkeitsabsicherung von Serienfahrzeugen. In: DFX 2011: Proceedings of the 22nd Symposium Design for X, Tutzing, Germany, 11.-12.10.2011, S. 241-252.

HESSE, M.; WEBER, C. (2012): Manufacturability and Validation Methods in Passenger Car Development – an industrial Case Study. In: Proceedings of the 12th International Design Conference, DESIGN 2012, Dubrovnik 2012, S. 929-936.

HILBERT, D.; ACKERMANN, W. (1972): Grundzüge der theoretischen Logik. 6. Aufl., Springer, Heidelberg, Berlin 1972.

HILL, P. (1999): Tangibles, Intangibles and Services: A New Taxonomy for the Classification of Output. In: The Canadian Journal of Economics / Revue Canadienne D'Economique. 1999, Jg. 32, Nr. 2, S. 426-446.

HILL, T.P. (1977): On goods and services. In: Review of income and wealth. 1977, 23. Jg., Nr. 4, S. 315-338.

HIPPNER, H.; RENTZMANN, R.; WILDE, K.D. (2006): Aufbau und Funktionalitäten von CRM-Systemen. In: Grundlagen des CRM. Gabler, Wiesbaden 2006. S. 45-74.

HIRSCHBACH, O. (1994): Lean Management – Hat das Management versagt? In: Belz, C. et al.: Lean Management und Lean Marketing. Sankt Gallen, 1994.

HUBKA V., EDER, W.E. (1988): Theory of Technical Systems. Springer, Berlin 1988.

HUET, G.; CULLEY, S.J.; MCMAHON, C.; FORTIN, C. (2007): Making sense of engineering design review activities. In: Artificial Intelligence for Engineering Design, Analysis and Manufacturing. June 2007, 21(3), S. 243-266.

JAHN, T. (2010): Portfolio- und Reifegradmanagement für Innovationsprojekte zur Multiprojektsteuerung in der frühen Phase der Produktentwicklung. Dissertation IKTD Stuttgart, Stuttgart, 2010.

KANO, N. et al. (1984): Attractive quality and must-be quality. In: Journal of the Japanese Society for Quality Control. 1984, 14. Jg., Nr. 2, S. 147-156.

KAPLAN, S.; GARRICK, B.J. (1981): On the quantitative definition of risk. In: Risk analysis, 1981, 1. Jg., Nr. 1, S. 11-27.

KANTARDZIC, M. (2003): Data Mining. Concepts, Models, Methods, and Algorithms. Wiley&Sons, Piscata 2003.

KERSTEN, G. (1999): Integrierte Methodenanwendung in der Entwicklung. In: Masing, W. (Hrsg.): Handbuch Qualitätsmanagement, 4. Auflage, Carl Hanser Verlag, München, Wien 1999, S. 355-387.

KESSELRING, F. (1954): Technische Kompositionslehre: Anleitung zu technisch-wirtschaftlichem und verantwortungsbewußtem Schaffen. Springer, Berlin 1954.

KING, B. (1989): Better designs in half the time: Implementing QFD quality function deployment in America. Goal/Qpc, Methuen, MA 1989.

KNELL, W. (1999): Sustainable Development und Mobilität - Die Herausforderung für die Automobilindustrie. In: Wolters, H.; Landmann, R.; Bernhart, W.; Karsten, H., Arthur D. Little International

(Hrsg.): Die Zukunft der Automobilindustrie - Herausforderungen und Lösungsansätze für das 21. Jahrhundert. Wiesbaden, 1999, S. 211-222.

KOHONEN, T. (1998): Self-organization of very large document collections: State of the art. In: Proceedings of ICANN98, the 8th International Conference on Artificial Neural Networks 1998, S. 65-74.

KRÖLL, M. (2007): Methode zur Technologiebewertung für eine ergebnisorientierte Produktentwicklung. Dissertation Universität Stuttgart, Stuttgart, 2007.

KUHN, A. (Hrsg.) et. al. (2002): Schneller Produktionsanlauf von Serienprodukten: Ergebnisbericht der Untersuchung "fast ramp-up". LFO - Lehrstuhl für Fabrikorganisation Universität Dortmund. Praxiswissen, Dortmund 2002.

KURZWEIL, P. (2006): Alternative Kraftstoffe und Hybridfahrzeuge – Innovation im Fahrzeugbereich mit neuen Antriebskonzepten. In: Strategische Aktionsfelder des Patentmanagements. DUV-Verlag, Wiesbaden 2006, S. 251-278.

LAGUS, K., HONKELA, T., KASKI, S.; KOHONEN, T. (1996): Self-organizing maps of document collections: A new approach to interactive exploration. In Proceedings of the second international conference on knowledge discovery and data mining. AAAI, Menlo Park 1996, S. 238-243.

LAUX, H. (2007): Entscheidungstheorie. 7., überarbeitete und erweiterte Auflage, Springer, Berlin u.a. 2007.

LEEMHUIS, H. (2005): Funktionsgetriebene Konstruktion als Grundlage verbesserter Produktentwicklung. Dissertation Technische Universität Berlin, Berlin, 2005.

LEITNER, J. (2006): Extraktion von Ontologien aus natürlichsprachlichen Texten. In: Witte, R.; Müller, J. (Hrsg.): Text Mining: Wissensgewinnung aus natürlichsprachigen Dokumenten. Interner Bericht 2006-5, Kap. 10., Univ. Karlsruhe 2006, S.113-134.

LIN, Y. (2004): An efficient robust concept exploration method and sequential exploratory experimental design. Dissertation Georgia Institute of Technology, Atlanta, 2004.

LINDEMANN, U. (2009): Methodische Entwicklung technischer Produkte. Springer, Berlin 2009.

LINGG, H. (1992): Von der Bedeutung des Wettbewerbsfaktors „Zeit". In: IO Management. 1992, Nr. 7, 8/1992, S. 73-77.

LIU, B.; HSU, W.; MA, Y (1999): Mining association rules with multiple minimum supports. In: Proceedings of the fifth ACM SIGKDD international conference on Knowledge discovery and data mining. ACM, 1999. S. 337-341.

LOHNSTEIN, H. (1996): Formale Semantik und natürliche Sprache. VS Verlag für Sozialwissenschaften, Opladen 1996.

LOTTER, B. (2012): Einführung. In: Lotter, B. (Hrsg.); Wiendahl, H.-P. (Hrsg.): Montage in der industriellen Produktion. 2. Aufl., Springer Vieweg, Berlin, Heidelberg 2012.

LUCE, R.D., TUKEY, J.W. (1964): Simultaneous Conjoint Measurement: A New Type of Fundamental Measurement. In: Journal of Mathematical Psychology, Vol. 1 (1964), S. 1-17.

MÄDCHE, A.; STAAB, S.; STUDER, R. (2001): Ontologien. In: Wirtschaftsinformatik. 2001, 43. Jg., Nr. 4, S. 393-395.

MANSFIELD, E.; RAPOPORT, J.; SCHNEE, J.; WAGNER, S. (1971): Research and Innovation in the Modern Corporation. Norton& Company, New York 1971.

MEERKAMM, H.; WARTZACK, S. (2000): Fertigungsgerechtes Konstruieren – Potential und aktuelle Tendenzen. In: Werkstatt und Betrieb. 2000, 1-2/00, Hanser, München 2000, S. 24-29.

MEHLER, A.; WOLFF, C. (2005): Perspektiven und Positionen des Text Mining. In: LDV Forum. 2005, Vol. 20, Nr. 1, S. 1-18.

MEIßNER, S. (2009): Logistische Stabilität in der automobilen Variantenfließfertigung. Dissertation Technische Universität München, München, 2009.

MERKL, D. (2002): Industry: text mining with self-organizing maps. In: Handbook of data mining and knowledge discovery. Oxford University Press, New York 2002, S. 903-910.

MIRKIN, B. (2005): Clustering for Data Mining: a data recovery approach. CRC Press, Boca Raton 2005.

MÖLLER, K.; STIRZEL, M. (2008): Kostenmanagement im Anlauf – Aufgaben und Instrumente. In: Anlaufmanagement in der

Automobilindustrie erfolgreich umsetzen. Springer, Berlin, Heidelberg 2008, S. 243-262.

MOTZEL, E. (2001): Leistungsbewertung und Projektfortschritt. In: Deutsche Gesellschaft für Projektmanagement, Projektmanagement Fachmann Band 2, RKW Verlag, Eschborn 2001.

MÜLLER, M. (2008): Reifegradbasierte Optimierung von Entwicklungsprozessen am Beispiel der produktionsbezogenen Produktabsicherung in der Automobilindustrie. Dissertation Universität des Saarlandes, Saarbrücken, 2008.

MÜLLER, S. (2008): Methodik für die entwicklungs- und planungsbegleitende Generierung und Bewertung von Produktionsalternativen. Herbert Utz Verlag, München 2008.

NAGEL, J. (2011):Risikoorientiertes Anlaufmanagement. Gabler Verlag/Springer Fachmedien Wiesbaden GmbH, Wiesbaden 2011.

NEUMANN, K. (1996): Produktions- und Operationsmanagement. Springer, Berlin 1996.

MILLING, P.; JÜRGING, J. (2008):Der Serienanlauf in der Automobilindustrie: Technische Änderungen als Ursache oder Symptom von Anlaufschwierigkeiten?. In: Spektrum des Produktions- und Innovationsmanagements. Gabler, Wiesbaden 2008. S. 67-82.

MINTZBERG, H. (1983): Structure in Fives: Designing Effective Organizations. Prentice-Hall, Englewood Cliffs, NJ 1983.

O´BRIEN, C.; SMITH, S.J.E. (1995): Design maturity assessment for concurrent engineering coordination. In: Int. J. Production Economics, 1995, Nr. 41, S. 311-320.

OEHMEN, J.; OPPENHEIM, B.W.; SECOR, D., NORMAN, E.; REBENTISCH, E. SOPKO, J.A.; STEUBER, M.; DOVE, R.; MOGHADDAM, K.; MCNEAL, S.; BOWIE, M.; BEN-DAYA, M.; ALTMAN, W.; DRIESSNACK, J. (2012): The Guide to Lean Enablers for Managing Engineering Programs, Version 1. Cambridge, MA: Joint MIT-PMI-INCOSE Community of Practice on Lean in Program Management. 2012, S. 214.

OLESEN, J. (1992): Concurrent Development in Manufacturing – Based upon Dispositional Mechanisms. Dissertation, Technical University of Denmark, Lyngby, 1992.

PANTELE, E.F., LACEY, C.E. (1989): Mit Simultaneous Engineering die Entwicklungszeiten kürzen., In: IO Management Zeitschrift, 11/1989, Nr. 11, S. 56-58.

PFEIFER, T. (1996): Transparente Projektreife in der Entwicklung. In: ZWF, 1996, Nr. 91 (11), S. 564-567.

PRASAD, B. (1996): Concurrent engineering fundamentals. Prentice Hall PTR, Upper Saddle River, N.J 1996.

PROJEKT MANAGEMENT INSTITUTE (2017): A Guide to the Project Management Body of Knowledge (PMBOK Guide), Sixth Edition, Project Mgmt Inst. 2017.

REICHWALD, R.; DIETEL, B. (1991): Produktionswirtschaft. In: Industriebetriebslehre. Gabler Verlag, Wiesbaden 1991. S. 395-622.

RENAUD, J.; LEFEBVRE, A.; FONTEIX, C. (2004): Improvement of the design process through knowledge capitalization: an approach by know-how mapping. Concurrent Engineering, 2004, 12. Jg., Nr. 1, S. 25-37.

RODENACKER, W.G. (1970): Methodisches Konstruieren. Konstruktionsbücher, 27, Springer-Verlag, Berlin 1970.

RUSITSCHKA, F. (2017). Methodik zur Auswahl von lösbaren Verbindungen in der variantenreichen Serienfertigung. Dissertation Universität Stuttgart. Stuttgart 2017.

SCHILLING, M.A.; HILL, C.W.L. (1998): Managing the New Product Development Process: Strategic Imperatives. In: Managing the New Product Development, 1998, Vol. 12, No. 3, S. 67-81.

SCHLEICH, B.; WARTZACK, S. (2013): The Implications of the Skin Model Concept for Computer Aided Tolerancing. In: Smart Product Engineering. Springer, Berlin, Heidelberg 2013, S. 573-582.

SCHMID, M.; LEVY, G. (2009): Lasersintermaterialien – Aktueller Stand und Entwicklungspotential. In: Fachtagung Additive Fertigung, Lehrstuhl für Kunststofftechnik, Universität Erlangen, 2009, S. 43-55.

SCHRECKENEDER, B. (2005): Projektcontrolling. Projekte überwachen, steuern und präsentieren. Haufe, Freiburg 2005.

SCHRÖDER, J. (2003): Benchmarking von Entwicklungsbereichen im Maschinenbau. Dissertation RWTH Aachen, Aachen, 2003.

SELIGER, G. (2011): Montage und Demontage. In: Grote, K.-H., Feldhusen, J. (Hrsg.): Dubbel, 23., neu bearbeitete und erw. Aufl., Taschenbuch für den Maschinenbau. Springer-Verlag, Berlin, Heidelberg 2011, S. 97-103.

SIEGMUND, C. (2006): Einführung in Text Mining. In: Witte, R.; Müller, J. (Hrsg.): Text Mining: Wissensgewinnung aus natürlichsprachigen Dokumenten, Interner Bericht Karlsruher Institut für Technologie, 2006-5, Kap. 3, Karlsruhe 2006, S. 51-58.

SMITH, P.G.; REINERTSEN, D. G. (1998): Developing Products in Half the Time. 2. Aufl., John Wiley & Sons, New York 1998.

SPRINGER GABLER VERLAG (Hrsg.), Gabler Wirtschaftslexikon. Stichwort: Simulation, online im Internet: http://wirtschaftslexikon.gabler.de/Archiv/55029/simulation-v12.html (abgerufen am: 28.03.2018).

SPRINGER GABLER VERLAG (Hrsg.), Gabler Wirtschaftslexikon, Stichwort: Verbrauchsgüter, online im Internet: http://wirtschaftslexikon.gabler.de/Archiv/3176/verbrauchsgueter-v8.html, (abgerufen am: 28.03.2018).

STACHOWIAK, H. (1973): Allgemeine Modelltheorie. Springer, Wien/New York 1973.

STAIGER, T.J. (1997): Projektreifegrad als Instrument der Projektüberwachung. In: Fit für den globalen Markt? Leitfaden für das Qualitätsmanagement und Projektmanagement: Lösungsansätze, Umsetzungsbeispiele, Methoden. VDMA Verlag, Frankfurt 1997, S. 56-61 und S. 335-340.

STOLL, H.W. (1986): Design for manufacture: An Overview. In: Appl. Mech. Rev., 1986, No. 39, S. 1356-1364.

STOLL, H.W. (1988): Design for manufacture. In: Manufacturing Engineering, 1988, Vol. 100, No. 1, S. 67-73.

STRAUBE, F.; FITZEK, D. (2005): Herausforderungen und Erfolgsmuster im Anlaufmanagement der Automobilindustrie. In: Jahrbuch Logistik 2005, 2005, Band 19, S. 44-47.

STROTHER, J.B.; ULIJN, J.M.; FAZAL, Z. (2012): Information overload: an international challenge for professional engineers and technical communicators. John Wiley & Sons, Hoboken, N.J. 2012.

STUDER, R; BENJAMINS, V.R.; FENSEL, D (1998): Knowledge Engineering. Principles and Methods. In: IEEE Transactions on Data and Knowledge Engineering. 1998, Vol. 25, Nr. 1-2, S. 161-197.

STUFFER, R. (1993): Planung und Steuerung der integrierten Produktentwicklung. Dissertation Technische Universität München, München, 1993.

SUH, N.P. (1990): The Principles of Design. Oxford University Press, New York 1990.

SUMATHI, S.; SIVANANDAM, S.N. (2006): Introduction to data mining and its applications. Springer, Berlin, Heidelberg 2006.

SUSMAN, G.I., (1992): Integrating Design and Manufacturing for Competitive Advantage. Oxford University Press, New York 1992.

TAN, A. (1999). Text Mining: The state of the art and the challenges. In: Proceedings of the PAKDD 1999 Workshop on Knowledge Discovery from Advanced Databases. 1999, S. 65-70.

THORLEUCHTER, D.; VAN DEN POEL, D.; PRINZIE, A. (2010):Mining innovative ideas to support new product research and development. In: Classification as a Tool for Research. Springer, Berlin, Heidelberg 2010. S. 587-594.

TICHEM, M. (1997): A Design Coordination Approach to DESIGN FOR X. Dissertation TU Delft, Delft, 1997.

TORNINCASA, S. et al. (2010): The future and the evolution of CAD. In: 14th international research/expert conference: trends in the development of machinery and associated technology 11.-18.09.2010.

TURKI, T. (2014): Bedeutung von Erfahrungswissen in der Produktentwicklung und Ansätze zu dessen Evaluierung und Transfer am Beispiel studentischer Gruppen Dissertation Karlsruhe Institute of Technology, Karlsruhe, 2014.

ULLRICH, M.; MAIER, A.; ANGELE, J. (2003): Taxonomie, Thesaurus, Topic Map, Ontologie – ein Vergleich. Ontoprise GmbH 2003.

UNGER, D.; EPPINGER, S. (2011): Improving product development process design: a method for managing information flows, risks, and iterations. In: Journal of Engineering Design. 2011, 22. Jg., Nr. 10, S. 689-699.

USCHOLD, M.; GRUNINGER, M. (1996): Ontologies: Principles, methods and applications. In: The knowledge engineering review. 1996, 11. Jg., Nr. 02, S. 93-136.

USCHOLD, M.; GRUNINGER, M. (2004): Ontologies and semantics for seamless connectivity. ACM SIGMod Record. 2004, 33. Jg., Nr. 4, S. 58-64.

USCHOLD, M.; KING, M. (1995): Towards a methodology for building ontologies. Artificial Intelligence Applications Institute, University of Edinburgh 1995.

VON NITZSCH, R. (2002): Entscheidungslehre. Schäffer-Poeschel, Stuttgart 2002.

VANAVERMAET, E. (2002): Sozialer Einfluss in Kleingruppen. In: Stroebe, W.; Jonas, K.; Hewstone, M. (Hrsg.): Sozialpsychologie. Eine Einführung. 4. überarb. und erw. Aufl., Springer, Berlin 2002. S. 451-495.

VAN VLIET, H.W.; VAN LUTTERVELT, K. (2004): Development and application of a mixed product/process-based DFM methodology. International Journal of Computer Integrated Manufacturing, 2014, Vol. 17, No. 3, S. 224-234.

VELARDI, P.; NAVIGLI, R.; CUCCHIARELLI, A.; NERI, F. (2005): Evaluation of OntoLearn, a methodology for automatic learning of domain ontologies. In: Buitelaar, P.; Cimiano, P.; Magnini, B. (Hrsg.): Ontology Learning from Text: Methods, Evaluation and Applications. Series information for Frontiers in Artificial Intelligence and Applications. IOS Press, Amsterdam 2005.

VERSTEEGEN, G. (2002): Vorgehensmodelle. In: Versteegen, G. (Hrsg.): Software Management. Springer, Berlin, Heidelberg 2002. S. 29-61

VERWORN, B.; HERSTATT, C. (2000): Modelle des Innovationsprozesses. Working papers / Technologie- und Innovationsmanagement Nr. 6, TU Hamburg-Harburg, o.O. 2000.

VOSSEN, G. (2008): Datenmodelle, Datenbanksprachen und Datenbankmanagement systeme. 5. überarbeitete und erw. Aufl., Oldenbourg, München 2008.

WALLENTOWITZ, H.; FREIALDENHOVEN, A.; OLSCHEWSKI, I. (2008): Strategien in der Automobilindustrie: Technologietrends und Marktentwicklungen. Vieweg und Teubner, Berlin 2008.

WALKER, W.E.; HARREMOËS, P.; ROTMANS, J.; VAN DER SLUIJS, J.P.; VAN ASSELT, M.B.; JANSSEN, P.; KRAYER VON KRAUSS, M. P. (2003): Defining uncertainty: a conceptual basis for uncertainty management in model-based decision support. In: Integrated assessment. 2003, Vol. 4, Nr. 1, S. 5-17.

WANG, H.; WANG, S. (2008): A knowledge management approach to data mining process for business intelligence. In: Industrial Management & Data Systems. 2008, 108. Jg., Nr. 5, S. 622-634.

WANG, Y.; VÖLKER, J.; HAASE, P. (2006): Towards semi-automatic ontology building supported by large-scale knowledge acquisition. In: AAAI Fall Symposium on Semantic Web for Collaborative Knowledge Acquisition. Arlington 2006. Vol. 6, S. 70-77.

WANGENHEIM, S.V. (1998): Planung und Steuerung des Serienanlaufs komplexer Produkte, dargestellt am Beispiel der Automobilindustrie. Lang, Frankfurt am Main [u.a.] 1998.

WEINZIERL, J. (2006): Produktreifegrad-Management in unternehmensübergreifenden Entwicklungsnetzwerken. Ein ganzheitlicher Ansatz zur Entscheidungsunterstützung im strategischen Anlaufmanagement. Dissertation Technische Universität Dortmund, Dortmund, 2006.

WEBER, C. (2001): Schlussfolgerungen für „Design for X“ aus der Perspektive eines neuen Ansatzes zur Modellierung von Produkten und Produktentwicklungsprozessen.12. Symposium „Design for X“, Neukirchen, 2001.

WEBER, C. (2005): CPM/PDD – an extended theoretical approach to modelling products and product development processes. In: Proceedings of the 2nd German-Israeli Symposium on Advances in Methods and Systems for Development of Products and Processes. 2005, S. 159-179.

WEBER, C. (2007): Looking at “DfX” and “Product Maturity” from the Perspective of a New Approach to Modelling Product and Product Development Processes. In: Krause, F.-L. (Hrsg.): The future of product development. Springer, Berlin 2007. S. 85-104

WEBER, J. (2009): Automotive Development Processes – Processes for Successful Customer Oriented Vehicle Development. Springer, Berlin 2009.

WEISS, S.; INDURKHYA, N.; ZHANG, T. (2010): Fundamentals of predictive text mining. Springer-Verlag, London, New York 2010.

WELLER, K. (2006): Kooperativer Ontologieaufbau. In: Ockenfeld, M. (Hrsg.): Content, 28. Online-Tagung der DGI, 58. Jahrestagung der DGI, Proceedings. Frankfurt am Main: DGI. S. 227-234.

WESTPHAL, C.; MERKAMM, H.; WARTZACK, S.; PAETZOLD, K. (2009): New Ways of Data Processing for increasing of Efficiency within the Product Development. International Conference on Engineering Design, ICED 2009, 24.-27. August 2009, Stanford University, S. 105-114.

WHEELWRIGHT, S.C.; CLARK, K.B. (1992): Competing through development capability in a manufacturing-based organization. Business Horizons 7/8 (July–August), S. 29-43.

WIEDERIN, E. (1992): Wie wird man Zeitwettbewerber? In: Abt, J. et al. (Hrsg.) (1992): Zeit – Eine neue strategische Größe der Unternehmensführung. Zürich 1992, S.63-81.

WILDEMANN, H. (2007): Produktkannibalisierung erkennen und vermeiden. Produkt-und Prozessinnovationen in Wertschöpfungsketten: Tagungsband der Herbsttagung 2007 der Wissenschaftlichen Kommission Produktionswirtschaft im VHB, 2008, S. 71-83.

WILLIAMSON, I. (1993): Der Wandel des Geschäfts durch „Simultaneous Engineering“. In: CIM-Management. 1993, 2/1993, S. 42-46.

WIßLER, F. E. (2006): Ein Verfahren zur Bewertung technischer Risiken in der Phase der Entwicklung komplexer Serienprodukte. Dissertation Universität Stuttgart, Stuttgart, 2006.

WÖGERBAUER, H. (1943): Die Technik des Konstruierens. 2. Aufl., Oldenbourg, München 1943.

WÖHE, G.; DÖRING, U. (2002): Einführung in die allgemeine Betriebswirtschaftslehre. Vahlen, München 2002.

WULF, J. (2002): Elementarmethoden zur Lösungssuche. Dissertation Technische Universität München, München 2002.

WITTEN, I.H.; FRANK, E.; HALL, M.A. (2011): Data mining: Practical machine learning tools and techniques. Morgan Kaufmann, San Francisco 2011.

YEH, T.; PAI, F.; YANG, C. (2010): Performance improvement in new product development with effective tools and techniques adoption for high-tech industries. In: Quality & Quantity. 2010, 44. Jg., Nr. 1, S. 131-152.

ZERBE, S. (1995): Kooperation, Koordination und IT in neuen Organisationsformen. Arbeitspapiere Lehrstuhl für Wirtschaftsinformatik, Universität Hohenheim, Nr. 93, Hohenheim 1995.

ZERRES, C. (2014): Notwendigkeit und Strategien eines Komplexitätsmanagements für variantenreiche Produkte – Ein Beitrag am Beispiel der Automobilbranche. In: Komplexitätsmanagement in Unternehmen. Springer Fachmedien, Wiesbaden 2014. S. 289-308.

ZHAI, L.; KHOO, L.; ZHONG, Z. (2009): Design concept evaluation in product development using rough sets and grey relation analysis. In: Expert Systems with Applications. 2009, 36. Jg., Nr. 3, S. 7072-7079.

ZORRIASSATINE, F.; WYKES, C.; PARKIN, R.; GINDY, N. (2003): A survey of virtual prototyping techniques for mechanical product development. In: Proceedings of the Institution of Mechanical Engineers, Part B: Journal of Engineering Manufacture. 2003, 217(4), S. 513-530.

Richtlinien, Normen

DIN EN ISO 8402 (1995): Qualitätsmanagement. Berlin, Beuth Verlag, 1995.

DIN EN ISO 9000 (2015): Qualitätsmanagementsysteme - Grundlagen und Begriffe. Berlin, Beuth Verlag, 2015.

DIN 69901 (2009): Projektmanagement – Projektmanagementsysteme. Deutsches Institut für Normung. 9. Auflage. Berlin, Beuth Verlag, 2009.

DIN 8593 (2003): Fertigungsverfahren Fügen - Teil 1: Zusammensetzen - Einordnung, Unterteilung, Begriffe. Deutsches Institut für Normung, Berlin, Beuth Verlag, 2003.

VDI 2206 (2004): Entwicklungsmethodik für mechatronische Systeme. Berlin, Beuth Verlag, 2004.

VDI 2221 (1993): Methodik zum Entwickeln und Konstruieren technischer Systeme und Produkte. Berlin, Beuth Verlag, 1993.

VDI 2221 (2018): Methodik zum Entwickeln und Konstruieren technischer Systeme und Produkte (Entwurf). Berlin, Beuth Verlag, 2018.

Anhang

Anhang A: Fiktive Fahrzeugprojekte als Stimuli für die Conjoint-Analyse zur Risikobewertung

Karten-ID	1
Kommunalität	15% Neuteile
Komplexität	Coupé
Standort	England
Erfahrung	Projekt-Vorläufer bereits in Serie im Schwesterwerk
Konzeptreife	Alle Konzeptthemen vereinbart

Karten-ID	2
Kommunalität	15% Neuteile
Komplexität	Roadster
Standort	USA
Erfahrung	Projekt-Vorläufer bereits in Serie im Zielwerk
Konzeptreife	ein krit. Konzeptthema noch offen (gr. Heckklappe)

Karten-ID	3
Kommunalität	8% Neuteile
Komplexität	Coupé
Standort	USA
Erfahrung	Erstes Derivat der Produktlinie, neues Werk
Konzeptreife	Konzept abgestimmt, einige Sonderausstattungen noch offen

Karten-ID	4
Kommunalität	32% Neuteile
Komplexität	SUV
Standort	USA
Erfahrung	Erstes Derivat der Produktlinie, Basis im Zielwerk
Konzeptreife	Alle Konzeptthemen vereinbart

Karten-ID	5
Kommunalität	8% Neuteile
Komplexität	Limousine
Standort	München
Erfahrung	Projekt-Vorläufer bereits in Serie im Zielwerk
Konzeptreife	Alle Konzeptthemen vereinbart

Karten-ID	6
Kommunalität	8% Neuteile
Komplexität	Roadster
Standort	Goodwood
Erfahrung	Erstes Derivat der Produktlinie, Basis im Zielwerk
Konzeptreife	mehrere krit. Konzeptthemen noch offen

Karten-ID	7
Kommunalität	32% Neuteile
Komplexität	Limousine

Karten-ID	8
Kommunalität	8% Neuteile
Komplexität	SUV

Standort	England
Erfahrung	Erstes Derivat der Produktlinie, neues Werk
Konzeptreife	ein krit. Konzeptthema noch offen (z.B. gr. Heckklappe, ohne/mit B-Säule)

Standort	China
Erfahrung	Projekt-Vorläufer bereits in Serie im Schwesterwerk
Konzeptreife	ein krit. Konzeptthema noch offen (z.B. gr. Heckklappe, ohne/mit B-Säule)

Karten-ID	9
Kommunalität	62% Neuteile
Komplexität	SUV
Standort	England
Erfahrung	Projekt-Vorläufer bereits in Serie im Zielwerk
Konzeptreife	Konzept abgestimmt, einige Sonderausstattungen noch offen

Karten-ID	10
Kommunalität	15% Neuteile
Komplexität	SUV
Standort	Zentrale
Erfahrung	Erstes Derivat der Produktlinie, neues Werk
Konzeptreife	mehrere krit. Konzeptthemen noch offen

Karten-ID	11
Kommunalität	32% Neuteile
Komplexität	Roadster
Standort	Zentrale
Erfahrung	Projekt-Vorläufer bereits in Serie im Schwesterwerk
Konzeptreife	Konzept abgestimmt, einige Sonderausstattungen noch offen

Karten-ID	12
Kommunalität	15% Neuteile
Komplexität	Limousine
Standort	China
Erfahrung	Erstes Derivat der Produktlinie, Basis im Zielwerk
Konzeptreife	Konzept abgestimmt, einige Sonderausstattungen noch offen

Karten-ID	13
Kommunalität	62% Neuteile
Komplexität	Limousine
Standort	USA
Erfahrung	Projekt-Vorläufer bereits in Serie im Schwesterwerk
Konzeptreife	mehrere krit. Konzeptthemen noch offen

Karten-ID	14
Kommunalität	32% Neuteile
Komplexität	Coupé
Standort	USA
Erfahrung	Projekt-Vorläufer bereits in Serie im Zielwerk
Konzeptreife	mehrere krit. Konzeptthemen noch offen

Karten-ID	15
Kommunalität	62% Neuteile
Komplexität	Roadster
Standort	China
Erfahrung	Erstes Derivat der Produktlinie, neues Werk
Konzeptreife	Alle Konzeptthemen vereinbart

Karten-ID	16
Kommunalität	62% Neuteile
Komplexität	Coupé
Standort	Zentrale
Erfahrung	Erstes Derivat der Produktlinie, Basis im Zielwerk
Konzeptreife	ein krit. Konzeptthema noch offen (z.B. gr. Heckklappe, ohne/mit B-Säule)

Anhang B: Beispiel für die Dokumentation einer Soll-/Ist-Abweichung

Datenobjekt	Inhalt
Kurzbeschreibung/Titel	Montage des Tür-Kabelbaums an der Tür vorne (links/rechts) im Bereich A-Säule/Fensterschiene nicht prozesssicher
Abweichungsbeschreibung	Der untere Clipspunkt des Tür-Kabelbaums im Türinnenblech (Bereich A-Säule/Fensterschiene) ist nicht erreichbar. Der Bauraum ist nicht ausreichend für den Montagevorgang. Der Bereich ist außerdem nicht einsehbar. Der Clipspunkt muss versetzt werden.
Auswirkungsschwere	5
Betroffenes Modul	Tür, Kabelbaum
Anhang	Bilder, Präsentationen
Melder	Name, Kontaktdaten
Lösungsverantwortlicher	Name, Kontaktdaten
…	…

Anhang C: Allgemeines Vorgehensmodell Entwickelns und Konstruierens nach VDI 2221 (1993)

In dem Vorgehensmodell in der nachfolgenden Abbildung sind auf der rechten Seite die Konstruktionsphasen und auf der linken Seite die Arbeitsschritte jeder Phase abgebildet. Die jeweiligen Ergebnisdokumente sind in der Mitte dargestellt.

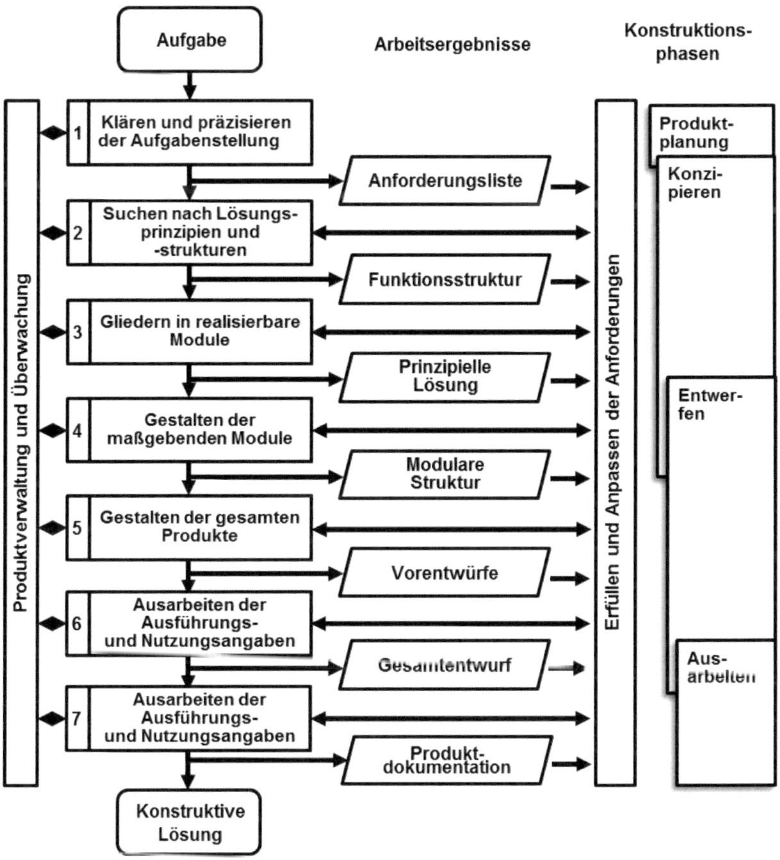

Vorgehensmodell des Entwickelns und Konstruierens nach VDI 2221 (1993)[358]

[358] VDI 2221 (1993), S.9 und Feldhusen/Grote (2013), S. 18.

Während der Phase *Produktplanung* werden die Anforderungen und Wünsche der verschiedenen Anspruchsgruppen aufgenommen und der Planungsrahmen des Entwicklungsprojekts festgelegt. Wichtige Dokumente, die in dieser Phase erstellt werden, sind Anforderungslisten, Projektpläne und Budgetdokumente.

Nach der Planungsphase folgen die Konzept- und die Entwurfsphase. Das *Konzipieren* bezeichnet den Prozess der Erarbeitung des prinzipiellen Lösungskonzepts, das die wichtigsten Anforderungen bestmöglich erfüllt. Beim *Entwerfen* wird das gewählte Lösungskonzept in ein körperlich gestaltetes Gebilde überführt.

Die letzte Produktentwicklungsphase ist die *Ausarbeitung des Entwurfs*, in der die endgültige Festlegung für Form, Maß, Werkstoff und Oberflächenbeschaffenheit aller Einzelteile erfolgt und die Herstellungs- und Gebrauchsmöglichkeiten überprüft werden. Die zeichnerischen und sonstigen Unterlagen für die Herstellung und Nutzung des Produkts können nun finalisiert werden.[359]

Dieses Vorgehensmodell beschreibt den Produktentwicklungsprozess isoliert von anderen notwendigen Unternehmensprozessen für die Markteinführung eines neuen Produkts.

[359] Vgl. Feldhusen/Grote (2013), S. 18.

Liste der bisher erschienenen Bände, Stand 14.07.2020

Bericht aus dem Institut für Maschinenelemente und Konstruktion (IMK), 1990 – 2010

Band 1 Institut für Maschinenelemente und Konstruktion der TU Ilmenau (Hrsg.):
Forschung und Lehre im Institut für Maschinenelemente und Konstruktion
(Institutsbericht)
Ilmenau : ISLE, 1999. - ISBN 3-932633-37-7

Band 2 Spiller, Frank:
Möglichkeiten der rechentechnischen Umsetzung von Erkenntnissen aus der Konstruktions-systematik unter Nutzung der Featuretechnologie
(Dissertation TU Ilmenau 1998)
Ilmenau : ISLE, 1998. - ISBN 3-932633-20-2

Band 3 Leibl, Peter:
Entwicklung eines featureorientierten Hilfsmittels für die Konstruktion kostengünstiger Produkte
(Dissertation TU Ilmenau 1998)
Ilmenau : ISLE, 1998. - ISBN 3-00-003695-4

Band 4 Lutz, Steffen:
Kennlinie und Eigenfrequenzen von Schraubenfedern
(Dissertation TU Ilmenau 2000)
Ilmenau : ISLE, 2000. - ISBN 3-932633-47-4

Band 5 Kletzin, Ulf:
Finite-Elemente-basiertes Entwurfssystem für Federn und Federanforderungen
(Dissertation TU Ilmenau 2000)
Ilmenau : ISLE, 2000. - ISBN 3-932633-48-2

Band 6 Volz, Andreas K.:
Systemorientierter Karosserie-Konzeptentwurf am Beispiel der Crashsimulation
(Dissertation TU Ilmenau 1998)
Ilmenau : ISLE, 2000. - ISBN 3-932633-52-0

Band 7 Brix, Torsten:
Feature- und constraint-basierter Entwurf technischer Prinzipe
(Dissertation TU Ilmenau 2001)
Ilmenau : ISLE, 2001. - ISBN 3-932633-67-9

Band 8 Rektor der TU Ilmenau und Institut für Maschinenelemente und Konstruktion der TU Ilmenau (Hrsg.) in Zusammenarbeit mit Carl Zeiss Jena GmbH
Vom Arbeitsblatt zum virtuellen Prototyp – 50 Jahre Konstruktionssystematik
(Institutsbericht)
Ilmenau : ISLE, 2002. - ISBN 3-932633-68-7

Band 9 Liebermann, Kersten:
Rechnergestütztes Entwurfs- und Optimierungssystem für Schraubendruckfedern
(Dissertation TU Ilmenau 2003)
Ilmenau : ISLE, 2003. - ISBN 3-932633-74-1

Band 10 Meissner, Manfred; Denecke, Klaus:
Die Geschichte der Maschinenelemente als Fachgebiet und Institut an der Technischen Universität Ilmenau von 1953 bis 2003
(Institutsbericht)
Ilmenau : ISLE, 2003. - ISBN 3-932633-82-2

Band 11 Geinitz, Veronika:
Genauigkeits- und auslastungsoptimierte Schraubendruckfedern
(Dissertation TU Ilmenau 2006)
Ilmenau : ISLE, 2006. - ISBN 3-938843-11-X

Band 12 Institut für Maschinenelemente und Konstruktion (Hrsg.):
Festschrift zum Ehrenkolloquium anlässlich der Emeritierungen von Univ.-Prof. Dr.-Ing. habil. Dr. h.c. Günter Höhne und Univ.-Prof. Dr.-Ing. habil. Hans-Jürgen Schorcht
(Institutsbericht)
Ilmenau : ISLE, 2005. -ISBN 3-932633-97-0

Band 13 Wittkopp, Tobias:
Mehrkörpersimulation von Schraubendruckfedern
(Dissertation TU Ilmenau 2005)
Ilmenau : ISLE, 2005. - ISBN 3-938843-07-1

Band 14 Frank, Stefan:
Justierdrehen – eine Technologie für Hochleistungsoptik
(Dissertation TU Ilmenau 2007)
Ilmenau : ISLE, 2008. - ISBN 978-3-938843-35-4

Band 15 Schilling, Thomas:
Augmented Reality in der Produktentstehung
(Dissertation TU Ilmenau 2008)
Ilmenau : ISLE, 2008. - ISBN 978-3-938843-42-0

Band 16 Lotz, Markus:
Konstruktion von Messspiegeln hochgenauer Mess- und Positioniermaschinen
(Dissertation TU Ilmenau 2009)
Ilmenau : ISLE, 2009. - ISBN 978-3-938843-46-8

[Band 17] Hackel, Tobias:
Grundlegende Untersuchungen zu vertikalen Positioniersystemen für Nanopräzisionsmaschinen
(Dissertation TU Ilmenau 2010)
Münster, Westf : Monsenstein & Vannerdat, 2010. -
ISBN 978-3-86991-111-3

[Band 18] Frank, Thomas:
Konzeption und konstruktive Gestaltung der Messkreise von Nanomessmaschinen
(Dissertation TU Ilmenau 2010)
Münster, Westf : Monsenstein & Vannerdat, 2010. - ISBN 978-3-86991-194-6

Berichte aus dem Institut für Maschinen- und Gerätekonstruktion (IMGK), 2010 - ...

Band 19 Sondermann, Mario:
Mechanische Verbindungen zum Aufbau optischer Hochleistungssysteme
(Dissertation TU Ilmenau 2010)
Ilmenau : Univ.-Verl. Ilmenau, 2011. - ISBN 978-3-939473-94-7

Band 20 Husung, Stephan:
Simulation akustischer Produkteigenschaften unter Nutzung von Virtual Reality während der Produktentwicklung
(Dissertation TU Ilmenau 2011)
Ilmenau : Univ.-Verl. Ilmenau, 2012. - ISBN 978-3-86360-026-6

Band 21 Dobermann, Dirk:
Stabilisierung der Bildlage abbildender optischer Systeme
(Dissertation TU Ilmenau 2012)
Ilmenau : Univ.-Verl. Ilmenau, 2013. - ISBN 978-3-86360-056-3

Band 22 Taubmann, Peter:
Analyse der Ventilfederbewegung als Beitrag zur Beeinflussung der Verschleißursachen an den Auflageflächen
(Dissertation TU Ilmenau 2013)
Ilmenau : Univ.-Verl. Ilmenau, 2013. - ISBN 978-3-86360-059-4

Band 23 Erbe, Torsten:
Beitrag zur systematischen Aktor- und Aktorprinzipauswahl im Entwicklungsprozess
(Dissertation TU Ilmenau 2013)
Ilmenau : Univ.-Verl. Ilmenau, 2013. - ISBN 978-3-86360-060-0

Band 24: Ginani, Luciano Selva:
Optical Scanning Sensor System with Submicron Resolution
(Dissertation TU Ilmenau 2013)
Ilmenau : Univ.-Verl. Ilmenau, 2013. - ISBN 978-3-86360-068-6

Band 25: Heidler, Nils.
Untersuchungen zylindrischer Gasführungselemente für Hochvakuumanwendungen
(Dissertation TU Ilmenau 2015)
Ilmenau : Univ.-Verl. Ilmenau, 2016. - ISBN 978-3-86360-130-0

Band 26: Reich, René:
Möglichkeiten und Grenzen bei der Auslegung von Schraubendruckfedern auf Basis von Umlaufbiegeprüfungen
(Dissertation TU Ilmenau 2016)
Ilmenau : Univ.-Verl. Ilmenau, 2016. - ISBN 978-3-86360-139-3

Band 27: Resch, Jens:
Kontextorientierte Entwicklung und Absicherung von festen Verbindungen im Produktentstehungsprozess der Automobilindustrie
(Dissertation TU Ilmenau 2016)
Ilmenau : Universitätsverlag Ilmenau, 2016. - ISBN 978-3-86360-143-0

Band 28: Scheibe, Hannes:
Aktiv-adaptive Polierwerkzeuge zur Herstellung rotationssymmetrischer Asphären
(Dissertation TU Ilmenau 2016)
Ilmenau : Universitätsverlag Ilmenau, 2016. - ISBN 978-3-86360-147-8

Band 29: Reeßing, Michael:
Softwarewerkzeuge für den phasen- und domänenübergreifenden Entwurf
(Dissertation TU Ilmenau 2016)
Ilmenau : Universitätsverlag Ilmenau, 2017. - ISBN 978-3-86360-169-0

Band 30: Lux, Rüdiger:
Wärmebehandlung von SiCr-legiertem, ölschlussvergütetem Federstahldraht
(Dissertation TU Ilmenau 2018)
Ilmenau : Universitätsverlag Ilmenau, 2018. - ISBN 978-3-86360-185-0

Band 31: Thomisch, Marco:
Methodik zur Bestimmung optimaler Parameter beim Drahtumformen
(Dissertation TU Ilmenau 2018)
Ilmenau : Universitätsverlag Ilmenau, 2018. - ISBN 978-3-86360-187-4

Band 32: Wohlfahrt, Fabian:
Kraftgesteuerte Messzelle für Dilatometeranwendungen
(Dissertation TU Ilmenau 2018)
Ilmenau : Universitätsverlag Ilmenau, 2019. - ISBN 978-3-86360-193-5

Band 33: John, Kerstin:
Untersuchung von Umlenkelementen zur Anwendung in der interferometrischen Längenmesstechnik
(Dissertation TU Ilmenau 2018)
Ilmenau : Universitätsverlag Ilmenau, 2019. - ISBN 978-3-86360-197-3

Band 34: Mack, Benjamin:
Untersuchungen zum Schadensmechanismus Torsionsschwingbruch durch Kontaktermüdung an Schraubendruckfedern
(Dissertation TU Ilmenau 2018)
Ilmenau : Universitätsverlag Ilmenau, 2019. - ISBN 978-3-86360-198-0

Band 35: Hesse Miriam:
Untersuchung der Absicherung von Montageprozessen am Beispiel von Produktionsanläufen in der Automobilindustrie
(Dissertation TU Ilmenau 2019)
Ilmenau : Universitätsverlag Ilmenau, 2020. - ISBN 978-3-86360-221-5